普通高等院校计算机基础教育"十三五"规划教材

计算思维与程序设计基础

张文晓◎主　编

曹　亮　李　妍◎副主编

沈寅斐　郑　俊

顾顺德◎主　审

中国铁道出版社有限公司

CHINA RAILWAY PUBLISHING HOUSE CO., LTD.

内 容 简 介

本书从信息技术概述、计算思维、Visio绘制流程图、RAPTOR可视化编程到Python语言编写程序代码这几个方面来激发和培养读者的编程能力，内容由浅入深，循序渐进。

全书内容共分为4章。第1章"信息技术概述"主要介绍信息技术的发展，新一代信息技术，信息的表示与存储以及信息安全。第2章"计算思维与算法设计"主要介绍计算思维、计算机的三大核心思维，并结合案例讲解如何进行程序的算法设计。第3章"可视化编程方法"介绍使用可视化编程环境RAPTOR，通过连接基本流程图符号来创建算法，并进行直接调试和运行，以得到问题的解决。第4章"程序设计基础"介绍了如何使用编程语言Python编写程序。

本书适合作为高等学校编程入门课程教材，也可供对编程感兴趣的读者参考。

图书在版编目(CIP)数据

计算思维与程序设计基础/张文晓主编. —北京:中国铁道
出版社有限公司,2020.9(2023.12重印)
普通高等院校计算机基础教育"十三五"规划教材
ISBN 978-7-113-27112-1

Ⅰ.①计… Ⅱ.①张… Ⅲ.①计算方法-思维方法-高等学校-
教材 ②程序设计-高等学校-教材 Ⅳ.①V241②TP311.1

中国版本图书馆CIP数据核字(2020)第145826号

书　　名:计算思维与程序设计基础
作　　者:张文晓

策　　划:曹莉群　　　　　　　　　编辑部电话:(010)63549508
责任编辑:陆慧萍　王占清
封面设计:刘　颖
责任校对:张玉华
责任印制:樊启鹏

出版发行:中国铁道出版社有限公司(100054,北京市西城区右安门西街8号)
网　　址:http://www.tdpress.com/51eds/
印　　刷:三河市燕山印刷有限公司
版　　次:2020年9月第1版　2023年12月第2次印刷
开　　本:787 mm×1 092 mm 1/16　印张:9.25　字数:228千
书　　号:ISBN 978-7-113-27112-1
定　　价:29.00元

版权所有　侵权必究

凡购买铁道版图书，如有印制质量问题，请与本社教材图书营销部联系调换。电话:(010) 63550836
打击盗版举报电话:(010) 51873659

前 言

　　计算思维是运用计算机科学的基本概念进行问题求解、系统设计以及人类行为理解等涵盖计算机科学之广度的一系列思维活动。作为三大科学思维之一，计算思维与理论思维、实验思维一起，推动着人类文明的进步和科技的发展。教育部高等学校计算机基础课程教学指导委员会于 2012 年推动以培养大学生计算思维能力为重点的大学计算机基础教育课程改革。学习计算思维，不仅有助于人们将生活中遇到的各类复杂问题分解成更小、更易理解的部分，培养学生逻辑思维能力，提升组织能力，还可以使学生具备利用计算思维积极解决自身专业领域问题的能力，改变传统的思维方式和工作方式，更利于学生掌握现代信息技术的处理方式。

　　程序设计能力是计算思维能力的体现。通过程序设计基础的学习，学生可以将抽象的计算思维与实践相结合，培养计算思维能力，增强动手能力。同时，学生亦可掌握化繁为简的做事哲学，在遇到任何困难时，都能积极冷静地分析、解决，这项能力会让人受益终身。

本书内容

　　全书共 4 章，第 1 章"信息技术概述"详细介绍信息技术的发展，新一代信息技术，信息的表示与存储以及信息安全。其中，新一代信息技术包含大数据、物联网、云计算、人工智能、数字媒体以及新一代移动通信网络等。第 2 章"计算思维与算法设计"主要介绍计算思维、计算机的三大核心思维、结合案例讲解如何绘制流程图、结构化程序设计的三种基本结构以及四种常用的经典算法。第 3 章"可视化编程方法"介绍使用可视化编程环境 RAPTOR，通过连接基本流程图符号来创建算法，并进行直接调试和运行，以得到问题的解决。具体包括：RAPTOR 的基本程序环境、运算符与表达式、常量与变量、RAPTOR 变量的三种赋值方式以及结合案例讲解 RAPTOR 中结构化程序设计的三种基本结构的运用、数组的运用、函数的运用、子图与子程序的运用和 RAPTOR 制图运用等。第 4 章"程序设计基础"介绍了如何使用编程语言 Python 编写程序。具体包括：Python 概述、Python 基本数据类型、Python 组合数据类型、程序的控制结构、函数以及文件操作等。本书基于 Windows 7 SP1 和 Python 3.7 构建 Python 开发平台。本书配备相应的案例源码、电子课件、练习题源码，网络下载地址为 http://www.tdpress.com/51eds。

本书特点

- 内容新颖。本书介绍了大数据、物联网、云计算、人工智能、数字媒体和移动通信网络等新一代的信息技术，并结合当前最新的 Python 3.7 版本进行讲解。
- 结构清晰。全书整体结构上由浅入深，循序渐进，通俗易懂。

● 实例丰富。每章节都配有大量的案例而且都有详细的分析和解答。每章后都有适量的练习题供读者拓展学习。

使用方法

"计算思维与程序设计基础"是一门既强调理论学习又注重实践培养的课程。本书在使用时可采用理论讲授＋上机练习的形式。建议课程一共安排 48 课时较佳，其中信息技术概述安排 4 课时，计算思维与算法设计安排 8 课时，可视化编程方法安排 16 课时，程序设计基础安排 20 课时。在学习过程中，要反复练习各章节案例。如果时间充足，要努力完成各章练习题。

编写分工

本书是上海市教委 2019 年上海市高校大学计算机教学改革项目"计算思维与程序设计基础"课程建设的成果之一，项目经费由上海杉达学院资助。本书由上海杉达学院信息技术基础教学部教师编写。具体分工：第 1 章由沈寅斐编写，第 2 章、第 3 章由李妍、郑俊编写，第 4 章由曹亮、张文晓编写。全书由张文晓任主编并负责筹划、统稿，由顾顺德任主审。

致 谢

本书能够顺利与读者见面，首先要感谢上海杉达学院的大力支持，还要感谢中国铁道出版社有限公司的编辑，最后感谢各位参与编写的老师及其家属。由于时间仓促和水平有限，书中难免有不妥之处，竭诚欢迎广大读者批评指正。

编者

2020 年 5 月

目　录

第1章
信息技术概述

引言

信息技术的发展从古代到现代一直推动着人类文明的进步。在当代信息技术的迅猛发展中，大数据、物联网、云计算、人工智能、数字媒体和移动通信网络等新一代信息技术层出不穷，改变了人们的工作和生活方式，成为了促进全球经济和社会发展的重要力量。本章主要介绍信息技术的基础知识，包括：信息技术的发展，新一代信息技术，信息的表示与存储，信息安全。

内容结构图

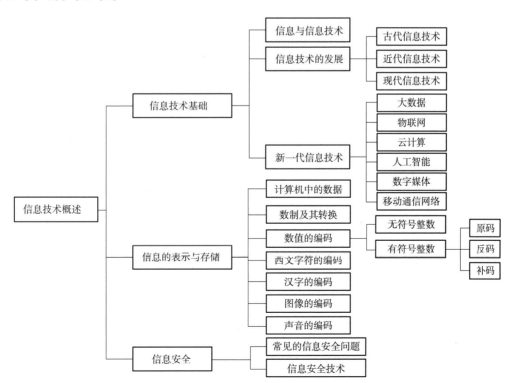

学习目标

通过对本章内容的学习，应该能够做到：

1. 了解：信息技术的发展历程；
2. 了解：新一代信息技术；
3. 掌握：信息的表示与存储方式；
4. 了解：信息安全。

1.1　信息技术基础

1.1.1　信息与信息技术

1. 信息

信息（Information）一词泛指人类社会传播的一切含有内容的消息、指令、数据或信号等。信息的传播往往以声音、文字和图像等形式进行，是人类认知和改造世界的重要工具。

关于信息的定义，不同学者从各自的研究领域出发，给出过一些不同的表述。1948 年，美国数学家、信息论的创始人克劳德·艾尔伍德·香农（Claude Elwood Shannon）在题为"通信的数学理论"的论文中系统地论述了信息的定义，提出"信息是用来消除随机不确定性的东西"，这一定义常被人们看作经典性定义之一并加以引用。美国应用数学家、控制论的创始人诺伯特·维纳（Norbert Wiener）认为"信息是人们在适应外部世界，并使这种适应反作用于外部世界的过程中，同外部世界进行互相交换的内容和名称"，它也被看作经典性定义之一。

计算机科学中的信息通常以数据的形式出现，如数值、文字、声音、图像和视频等，通常被认为是能够用计算机处理的有意义的内容或消息。数据是对客观事物的符号表示，经过加工处理后的数据所产生的有用的结果成为信息。数据是信息的载体，信息必须数字化编码，才能用计算机进行获取、传输、存储、处理和展示等操作。

2. 信息技术

随着人类社会的进步和科学技术的发展，信息技术（Information Technology，简称 IT）的使用目的、环境、范围等不尽相同，其内涵也在不断变化，所以至今没有公认的统一定义。从狭义上来说，信息技术包含信息在采集、加工、存储、传输和利用等过程中的每一种技术，是人类开发和利用信息资源的所有手段的总和。

在现代信息化社会中，信息技术包含感知与识别技术、通信技术、计算（处理）与存储技术、控制与显示技术，主要应用于计算机科学和通信领域。联合国教科文组织将信息技术定义为：应用在信息加工和处理中的科学、技术与工程的训练方法和管理技巧；上述方面的技巧和应用；计算机及其与人、机的相互作用；与之相应的社会、经济和文化等诸种事物。

信息技术的发展从古代到现代一直推动着人类文明的进步。大数据、物联网、云计算、人工智能、数字媒体、移动通信网络等新一代的信息技术改变了人们的工作和生活方式，成为促进全球经济和社会发展的主导力量。

1.1.2　信息技术的发展

信息技术作为一门多学科交叉融合的综合性技术，在人类发展史上，经历了语言的使用、文字的创造、印刷术的发明、电信的应用和电子计算机的普及五次革命。按照信息的载体和通信方式的发展，信息技术可以分为古代、近代和现代三个发展阶段。

1. 古代信息技术

自出现人类活动以来，信息技术即进入了漫长的古代信息技术发展阶段，"擂鼓进军""鸣金收兵""狼烟烽火"等都是这一时期的信息传递技术。这一阶段经历了语言的使用、文字的创造和印刷术的发明三次信息技术革命。

在语言的起源这一问题上，几个世纪以来，人类学家、考古学家、语言学家和心理学家等进行着大量的研究，迄今为止都没有一个统一的、科学的答案，但诞生了很多关于语言起源的假说和理论，如连续性和非连续性假说、Bow - wow 理论和叮咚理论等。语言的产生使人类的日常交流更为顺畅，使人类的想象力得到了拓展，使知识的传递有了承载，是古代信息技术发展的重要基础。

为了方便信息的表达和传递，实现信息长时间的留存和远距离的传输，人们开始使用图像和符号来记录信息，并逐渐演化成早期的文字。早期人类在泥板、陶器、龟甲和兽骨等材料上刻画的文字，成为了界定人类文明的重要标志，开启了人类的文明史。

随着人类文明的不断发展，文字的形态不断演变，文字的载体和记录的方式也不断改进。中国古代四大发明中的造纸术和印刷术，对世界文明的发展史作出了巨大的贡献。纸的出现，使得古代印刷术的发展成为可能。碑文拓印、雕版印刷，一直到宋代毕昇发明的活字印刷术，使得信息记录、复制和传播的容量和范围在古代得到了深远的发展。

2. 近代信息技术

第四次信息技术革命是电报、电话、广播、电视的发明和普及应用，即电信革命。整个电信革命的过程同时也是近代信息技术的发展过程，其为现代信息技术的产生奠定了坚实的基础。

1837 年，美国人塞缪尔·摩尔斯（Samuel Finley Breese Morse）受到电磁感应现象的启发，发明了有线电报机和摩尔斯电码（Morse Code）。摩尔斯和他的助手艾尔菲德·维尔（Alfred Lewis Vail）利用点信号"·"和长信号"—"对字母和数字等字符进行编码，并在 1844 年 5 月 24 日通过一条架设的长约 64 km 的线路发出了历史上第一份长途电报。

电报的发明开启了电作为信息载体的历史，衍生出了"有线电通信""无线电通信""卫星通信"等新的信息传递方式，具体的通信手段包括有线电话、无线电话、传真、广播和电视等。

3. 现代信息技术

现代信息技术发展阶段的开启是以电子计算机的诞生为标志的。世界上第一台电子数字计算机叫作阿塔纳索夫-贝瑞计算机（Atanasoff-Berry Computer，简称 ABC 计算机），是由美国爱荷华州立大学的教授阿塔纳索夫（John Vincent Atanasoff）和他的研究生贝瑞（Clifford Berry）于 1935 年至 1939 年间设计，并于 1941 年研制成功的。ABC 采用了 300 个真空电子管作为电子元件，以电容器作为存储器，可以执行算术与逻辑运算。ABC 运行时，数据的输入采用了打孔读卡的方法，且采用了二进位制，但不能进行编程，只能进行线性方程组的计算。

1946 年 2 月，世界上第一台通用计算机 ENIAC（Electronic Numerical Integrator And Computer，即电子数字积分计算机）由美国宾夕法尼亚大学的科学家和工程师研制成功并投入使用。当时还处于第二次世界大战期间，研制 ENIAC 的目的是帮助美国军方计算导弹弹道的数学模型。ENIAC 的占地面积约 170 m^2，重达 30 t，耗电量 150 kW，造价 48 万美元。它包含了17 468 根真空电子管和 7 200 根晶体二极管，可以按照编好的程序自动执行算术运算、逻辑运算，运算速度是每秒 5 000 次加法或 400 次乘法，是手工计算速度的 20 万倍。ENIAC 的缺点是没有程序存储器，且使用布线接板进行控制，影响了计算效率。

在 ENIAC 的研制过程中，美国科学家冯·诺依曼（John von Neumann）以技术顾问的形式加入了宾夕法尼亚大学的研制小组，并参与了 EDVAC（Electronic Discrete Variable Automatic Computer，即离散变量自动电子计算机）的设计研制。1945 年 6 月，冯·诺依曼和他的研制小组发表了一份长达 101 页的报告——"关于 EDVAC 的报告草案"。报告中详细介绍了制造电子计算机和程序设计的新思想，阐述了计算机的五个组成部分，即运算器、控制器、存储器、输入设备、输出设备，还建议在电子计算机中采用二进制的设计思想。可以说 EDVAC 是世界上第一台按存储程序控制功能设计的计算机，它于 1949 年交付给弹道研究实验室，于 1951 年开始运行使用。EDVAC 采用的体系结构和设计思想一直沿用至今，现代计算机的基本工作原理仍然是程序存储和控制，因此现在的一般计算机也被称为"冯·诺依曼计算机"。冯·诺依曼也被誉为"现代计算机之父"。

EDSAC（Electronic Delay Storage Automatic Calculator，即电子延迟存储自动计算机）是英国剑桥大学数学实验室的莫里斯·威尔克斯爵士（Sir Maurice Vincent Wilkes）和他的团队受冯·诺依曼"关于 EDVAC 的报告草案"的启发，在 1946 年以 EDVAC 为蓝本设计和建造，并于 1949 年 5 月 6 日正式运行的。由于其投入运行时间比 EDVAC 早，所以 EDSAC 被认为是世界上第一台投入运行的实现存储程序控制功能的电子计算机。

在现代信息技术发展阶段，为计算机领域做出过杰出贡献的科学家还有英国数学家、逻辑学家艾伦·麦席森·图灵（Alan Mathison Turing）。图灵提出的图灵机（Turing Machine）思想模型为现代计算机的形式模型和逻辑工作方式奠定了基础。图灵还提出了著名的图灵测试（The Turing test），即测试者在不接触对方的情况下，通过一种特殊的方式与对方进行一系列的问答，如果在相当长的时间内，测试者仍无法根据这些问答的结果判断对方是人还是计算机，那么就可以认为这个计算机具有同人相当的智力，即这台计算机是具有思维的。图灵测试奠定了人工智能的理论基础。图灵对计算机理论的发展做出了巨大的贡献，被誉为"计算机科学之父"和"人工智能之父"。

初代计算机诞生后的几十年间，信息技术的发展突飞猛进，采用的电子元器件也朝着微型化、智能化和高性能的方向不断变革。根据采用的电子元器件的发展情况，可以将电子计算机的发展划分为电子管、晶体管、中小规模集成电路、大规模和超大规模集成电路四个发展阶段。如今，光计算机、量子计算机、人工智能计算机和生物计算机等作为新一代的计算机发展热点，也将为现代信息技术的发展注入新的活力。

1.1.3　新一代信息技术

在当代信息技术的迅猛发展中，大数据、物联网、云计算、人工智能、数字媒体和移动通信网络等信息技术层出不穷，衍生出的一系列新产品对人们的生产、生活方式和社会的发展变革产生了深远的影响。

1. 大数据

大数据技术是新一代信息技术中的一个发展热点，对于大数据技术的运用能力已经成为国家综合国力的体现，发展大数据技术被很多国家列为重大发展战略。2015年8月31日，国务院印发了《促进大数据发展行动纲要》，将大数据战略上升为国家战略。2015年10月的中国共产党十八届五中全会上，"十三五"规划建议提出实施国家大数据战略，旨在全面推进我国大数据发展和应用，加快建设数据强国，推动数据资源开放共享，释放技术红利、制度红利和创新红利，促进经济转型升级。

（1）大数据的定义

"大数据"一词由英文 Big Data 翻译而来，是近年来被各个领域关注的热点。由于大数据是一个相对概念，所以迄今为止并没有一个公认的定义。

维基（Wiki）百科给出的定义是：在信息技术中，"大数据"是指一些使用现有数据库管理工具或者传统数据处理应用很难处理的大型而复杂的数据集。其挑战包括采集、管理、存储、搜索、共享、分析和可视化。

麦肯锡全球研究所给出的定义是：一种规模大到在获取、存储、管理、分析方面大大超出了传统数据库软件工具能力范围的数据集合，具有海量的数据规模、快速的数据流转、多样的数据类型和低价值密度四大特征。

IT研究与顾问咨询公司高德纳（Gartner）给出的定义是："大数据"是需要新处理模式才能具有更强的决策力、洞察发现力和流程优化能力来适应海量、高增长率和多样化的信息资产。

（2）大数据的产生和发展

大数据是第三次信息化浪潮中的重要标志物，它并不是凭空出现的，而是在个人计算机和互联网的出现及发展这前两次信息化浪潮的基础上逐渐产生的。大数据产生和发展的三个阶段如表1-1所示。

表1-1　大数据发展的三个阶段

阶　　段	时　　间	数据产生方式	内　　容
萌芽期	20世纪90年代至21世纪初	运营式系统	数据库技术和数据挖掘理论逐渐成熟；数据被动产生
成熟期	21世纪前十年	用户原创内容	Web 2.0时代产生数据爆发；数据主动产生
大规模应用期	2010年至今	感知式系统	感知式系统广泛应用，行业渗透，海量数据挖掘和运用，数据驱动决策；数据自动产生

大数据的产生和发展还需要依靠一定的技术支撑，如存储设备的容量不断增加、CPU的处理能力大幅提升以及网络带宽的不断增加，这些技术的发展为大数据提供了计算能力的基础和

高效传输的可能。

（3）大数据的特征

根据前面所述的麦肯锡给出的定义，大数据的特征包括"4 V"，即 Volume（大体量）、Velocity（高速）、Variety（多样化）和 Value（低价值密度）。随着大数据规模的不断扩大，现在主要采用 IBM 公司提出的"5 V"特征，即在"4 V"的基础上增加了 Veracity（真实性）。

①Volume：大数据的数据量一般都在 PB 级别及以上。

②Velocity：大数据的产生和变化速度非常快，同时对其处理有时效性要求。

③Variety：大数据的数据类型多样，如数字、文本、图片、视频、音频等。

④Value：大数据本身的价值密度相对较低，但经过数据挖掘和处理后就拥有了极高的应用价值。

⑤Veracity：大数据收集和处理的数据大部分都是真实发生的，要保证数据的准确性和可信赖度，即保证数据的质量。

（4）大数据的应用

当前，大数据在社会生产和管理实践等方面有着广泛的应用，并且产生了巨大的价值和效益。以下列举了一些典型的应用行业和领域。

①政府治理。大数据的快速发展开启了政府多领域、多视域、多层面的治理视角，构建起了新型的政府治理模式。例如，浙江 2016 年首次提出的"最多跑一次"改革、上海 2018 年推出的"一网通办"智慧政府建设方案，都借助了大数据来打造智慧贴心的服务型政府。通过对海量数据的搜集、检索、挖掘和分析，政府机构能够更科学、高效地回应公民诉求，更精准地预测舆情、疫情和经济形势，更多元化地提升安全监管能力，为政府决策和人民群众的生命财产安全提供可靠支撑与保障。

②医疗行业。大数据在医疗行业已经有了非常深入和广泛的应用。通过对医疗大数据的分析，能够预测流行疾病的爆发趋势，以避免感染、降低医疗成本；能够助力药物研发，加速药物筛选过程；能够保障公共卫生监测；能够辅助个人进行健康管理，监测个人的心率、体温、体脂等数据；能够帮助医生进行高效快速的医学影像诊断；能够帮助医院进行医疗资源的调配等等。

③能源行业。大数据在能源行业的运用主要结合物联网手段展开，通过终端设备进行数据采集，然后对数据进行处理分析，得到具体的能耗情况，以便实现智慧节能、储能。

④金融行业。大数据为金融行业提供了反洗钱、反欺诈、精准营销和商业智能等服务内容，有效地帮助了金融机构提升效率、降低风险，并创造出更大的商业价值。

⑤通信行业。通信行业的运营商掌握着大量的客户数据，对于这些大数据的分析应用可以帮助运营商进行精准的市场营销和客户关系管理。大数据技术的应用还有利于治理不良信息，如垃圾短信、骚扰电话和诈骗电话等，在降低人工服务成本的同时，还提升了用户体验。

⑥农业。大数据在农业中的应用可以降低现代农业发展过程中的试错成本，提升市场预测、调控作用。与物联网的结合可以监测农产品的生产情况，分析天气、土壤等信息，以实现精准农业，提高生产效率。在"互联网＋"背景下，大数据的应用还实现了农产品从农田到餐桌的全过程管理与质量安全追溯，实现了现代农业新模式。

（5）大数据处理的基本流程

大数据在现实生活中有着广泛的应用，在对大数据进行处理分析时，主要包含以下四个基本流程：

①采集与预处理。由于大数据具有数据量庞大、类型多样、价值密度低等特性，在采集数据后需进行预处理，以保证其可用性。常用预处理技术为 ETL 技术，即抽取（Extract）、转换（Transform）和加载（Load）。经过清洗、转换和集成的数据最后被加载入数据仓库或数据集市中，以便后续处理分析使用。

②存储与管理。大数据存储一般采用 DAS（Direct Attached Storage，直连式存储）、NAS（Network Attached Storage，网络附加存储）和 SAN（Storage Area Network，存储区域网络）三种系统架构。分布式存储架构是大数据存储架构的发展方向，如分布式文件系统（Hadoop Distributed File System，简称 HDFS）。大数据存储带来的挑战还激发了 NoSQL 数据库的产生。NoSQL 可以解释为 "Not only SQL"，泛指非关系型的数据库，如键值（Key – Value）存储数据库、列存储数据库、文档型数据库和图形（Graph）数据库等。

③计算处理与分析。大数据包含静态数据和动态数据。静态数据主要采用批量计算处理模式，例如分布式计算平台 Hadoop，其框架最核心的设计为 HDFS 和 MapReduce。前面提到 HDFS 为海量的数据提供了存储，而 MapReduce 则为海量的数据提供了计算。动态数据又称流数据，其特点是可以随时间的延续而无限增长。许多分布式计算系统都可以实时或接近实时地处理大数据流，如 Apache 的 Storm、Spark 和 Samza 等。

大数据的分析包含基本分析方法、高级分析方法和数据挖掘（Data Mining）方法。基本分析方法以统计分析为主，高级分析方法以建模理论为主，数据挖掘方法以数据仓库、机器学习等复合技术为主。

④可视化呈现。经过处理分析的数据可以采用可视化的方式来更直观地呈现在使用者面前，为使用者的决策提供有效的参考。常见的数据可视化工具有 Google Charts、Tableau、D3、Datawrapper 和 Highcharts 等。

2. 物联网

（1）物联网的定义

物联网（Internet of Things，简称 IoT）可以看作将万物相连接的互联网，是新一代信息技术的重要组成部分。2005 年 11 月，国际电信联盟（ITU）在信息社会世界峰会（WSIS）上，发布了《ITU 互联网报告 2005：物联网》（*ITU Internet Reports* 2005：*The Internet of Things*），正式提出并详细阐释了 "物联网" 的概念。具体来说，物联网技术是指通过各种射频识别装置、传感器、全球定位系统、激光扫描器等信息传感设备和技术，实时采集各种物体或过程的信息，并通过各类可能的网络接入来进行信息的交换和通信，以达到物物相连、万物万联，实现对物体或过程的智能化感知、识别、监控和管理。

"物联网" 中的 "物" 可以包含世界上各种各样的物体，采集的信息可以包含声、光、热、电、力学、化学、生物、位置等。M2M 技术是物联网技术的重要组成部分，即机器到机器（Machine to Machine），广义的 M2M 也可以解释为人到机器（Man to Machine）、人到人（Man to Man）。M2M 技术在日常生活中已很常见，如在机器内部设置嵌入式无线通信模块，以实现数据采集、监控和管理等功能。

（2）物联网的关键技术

信息技术的飞速发展对物联网的关键技术不断提出着更高的要求。工业和信息化部于 2011 年 11 月印发了《物联网"十二五"发展规划》，在"主要任务"部分提到要"集中多方资源，协同开展重大技术攻关和应用集成创新，尽快突破核心关键技术，形成完善的物联网技术体系。"具体列举的"十二五"期间物联网的核心关键技术内容如表 1 - 2 所示。

表 1 - 2　"十二五"期间物联网关键技术

关键技术	技术内容
感知技术	超高频和微波 RFID 标签，智能传感器，嵌入式软件，位置感知技术，基于 MEMS 的传感器，二维码解码芯片
传输技术	适用于物联网的新型近距离无线通信技术和传感器节点，自感知、自配置、自修复、自管理的传感网组网和管理技术，适用于固定、移动、有线、无线的多层次物联网组网技术
处理技术	适用于物联网的海量信息存储和处理技术，数据挖掘、图像视频智能分析等技术，数据库、系统软件、中间件等技术，软硬件操作界面基础软件
共性技术	物联网核心芯片及传感器微型化制造、物联网信息安全等技术，用于传感器节点的高效能微电源和能量获取、标识与寻址等技术，频谱与干扰分析等技术

2013 年 2 月，由国家发改委、工信部联合相关部门起草的《关于推进物联网有序健康发展的指导意见》获国务院批准，并以国发〔2013〕7 号文件进行印发。文件中提出要"以掌握原理实现突破性技术创新为目标，把握技术发展方向，围绕应用和产业急需，明确发展重点，加强低成本、低功耗、高精度、高可靠、智能化传感器的研发与产业化，着力突破物联网核心芯片、软件、仪器仪表等基础共性技术，加快传感器网络、智能终端、大数据处理、智能分析、服务集成等关键技术研发创新，推进物联网与新一代移动通信、云计算、下一代互联网、卫星通信等技术的融合发展"。

2016 年 12 月，《工业和信息化部关于印发信息通信行业发展规划（2016—2020 年）的通知》发布，其中的《信息通信行业发展规划物联网分册（2016—2020 年)》指出了"十三五"期间物联网发展需要突破的关键技术，如表 1 - 3 所示。

表 1 - 3　"十三五"期间物联网关键技术

关键技术	技术内容
传感器技术	敏感材料试验、各类敏感元器件研发与产业化，传感器集成化、微型化、低功耗，支持研发高性能惯性、压力、磁力、加速度、光线、图像、温湿度、距离等传感器产品和应用技术，积极攻关新型传感器产品
体系架构共性技术	现有不同物联网网络架构之间的互联互通和标准化，可信任体系架构、体系架构在网络通信、数据共享等方面的互操作技术，资源抽象、资源访问、语义技术，物联网关键实体、接口协议、通用能力的组件技术
操作系统	用户交互型操作系统，实时操作系统
物联网与移动互联网、大数据融合关键技术	适用于移动终端的人机交互、微型智能传感器、MEMS 传感器集成、超高频或微波 RFID、融合通信模组等技术，操作系统、数据共享服务平台等技术，数据采集交换关键技术，海量高频数据的压缩、索引、存储和多维查询关键技术，大数据流计算、实时内存计算等分布式基础软件平台，物联网数据分析挖掘和可视化关键技术

大力发展和应用物联网的关键技术，有利于构建具有国际竞争力的产业体系，深化物联网与经济社会的融合发展，支撑制造强国和网络强国的建设。

（3）物联网的应用

"十三五"时期是我国物联网加速进入"跨界融合、集成创新和规模化发展"的新阶段，物联网与我国的新型工业化、城镇化、信息化、农业现代化建设深度交汇，面临着广阔的应用发展前景。例如，物联网与制造业、农业、物流、能源、环保、医疗等行业的融合，以及在消费领域、智慧城市领域的应用等。

在工业和信息化部印发的《信息通信行业发展规划物联网分册（2016—2020 年）》中提到了物联网的重点领域应用示范工程，包括智能制造、智慧农业、智能家居、智能交通和车联网、智慧医疗和健康养老，以及智慧节能环保。物联网规模应用的推进有利于打造智慧产业和智能化信息服务，促进产业转型升级，还有利于提升人民生活质量、增强社会管理能力。

3. 云计算

（1）云计算的定义

21 世纪初期，随着大数据的发展进入成熟期，网络产生的数据量进入爆发式增长时代。为了能够低成本、高效、快速地解决信息的存储和处理问题，云计算（Cloud Computing）诞生了。2006 年 8 月 9 日，Google 首席执行官埃里克·施密特（Eric Schmidt）在搜索引擎大会（SES San Jose 2006）上首次正式提出了"云计算"的概念。

美国国家标准与技术研究院（National Institute of Standards and Technology，简称 NIST）将云计算定义为"一种按使用量付费的模式，这种模式提供可用的、便捷的、按需的网络访问，进入可配置的计算资源共享池（资源包括网络、服务器、存储、应用软件、服务等），这些资源能够被快速提供，只需投入很少的管理工作，或与服务供应商进行很少的交互"。

"云计算"概念的提出，引发了互联网技术和 IT 服务领域的一场新的变革，许多大型企业纷纷加入了云计算的布局行列。例如，微软公司在 2008 年发布了公共云计算平台（Windows Azure Platform），阿里软件在 2009 年建立了首个"电子商务云计算中心"，中国移动也在 2009 年启动了云计算系统"大云（Big Cloud）"计划。现阶段，云计算的发展已进入较为成熟的阶段。

（2）云计算的特点

云计算主要具有以下特点：

①超大规模。云计算需要数量众多的服务器作为云服务的基础设施，如阿里云在中国、新加坡、美国、欧洲、中东、澳大利亚、日本等 13 个地域开设了数据中心。此外，国内还有腾讯云、华为云等，都是具有一定规模的云服务供应商。国际上在云计算领域具有一定影响力的企业有 Google、业马逊、微软、VMware 等，它们都拥有着巨大数量的云服务器。

②虚拟化。用户使用云计算请求的资源来自于"云"，而非固定的有形实体，体现了资源的虚拟化。用户通过虚拟平台对相应终端进行操作体现了应用的虚拟化。

③动态可扩展。云计算的规模可以动态伸缩，在不影响原有服务器的基础上可以动态扩展以满足应用和用户规模增长的需要。

④按需服务。用户可以按照个人需要购买、使用云计算服务。

⑤高可靠性。云计算服务采用了数据多副本容错、心跳检测、计算节点同构可互换等措施来保障服务的高可靠性。当单点服务器出现故障时，可以通过虚拟化技术利用分布在不同物理位置的服务器上的应用进行恢复或利用动态扩展功能部署新的服务器进行计算。

⑥高性价比。用户购买了相对廉价的云计算服务后，不再需要自建和维护昂贵的基础设施，而且可以根据需求进行资源池的购买扩展，大幅提升了资源的利用率，降低了使用成本。

（3）云计算的类型

云计算按照服务模式可以分为三类：基础设施即服务（Infrastructure as a Service，缩写 IaaS）、平台即服务（Platform as a Service，缩写 PaaS）和软件即服务（Software as a Service，缩写 SaaS）。IaaS 环境中，用户使用的是虚拟化的基础资源服务；PaaS 环境给用户提供了特定的应用程序运行和开发环境；SaaS 环境是指某些特定的应用软件服务。

按照部署模式，云计算可以分为四类：公有云、私有云、社区云和混合云。公有云模式下，云服务供应主体给社会公众提供应用程序、资源存储等服务。私有云的资源和服务只提供给单一组织内的用户使用，外部用户没有访问权限。社区云的资源和服务由多个具有相似目标、相仿利益的组织共享使用。混合云是两种或两种以上的云计算模式的混合体，例如公有云和私有云的结合。

4. 人工智能

（1）人工智能概述

1950 年 10 月，图灵发表了一篇划时代的论文——《机器能思考吗？》（*Can Machines Think?*），文中预言了创造出具有真正智能的机器的可能性。由图灵提出的著名的图灵测试为人工智能的研究奠定了理论基础，他被誉为"人工智能之父"。

1956 年，约翰·麦卡锡（John McCarthy）、马文·明斯基（Marvin Lee Minsky）、纳撒尼尔·罗切斯特（Nathaniel Rochester）和克劳德·艾尔伍德·香农（Claude Elwood Shannon）等人一起发起并组织了"达特茅斯会议"。在会议上，"人工智能（Artificial Intelligence，简称 AI）"这一术语被正式确立，这成为了人工智能诞生的标志。

人工智能的概念在不同学科背景下有着不同的理解。约翰·麦卡锡提出"人工智能就是要让机器的行为看起来像是人所表现出来的智能行为一样"。人工智能是研究、开发用于模拟、延伸和扩展人的智能的理论、方法、技术及应用系统的一门新的技术科学，属于计算机科学的一个分支。它所涉及的研究领域和应用非常多，例如模式识别、问题求解、自然语言理解、自动定理证明、机器视觉、自动程序设计、专家系统、机器学习、机器人等。

人工智能已成为国与国之间科技实力与经济未来竞争力的制高点。我国已将发展人工智能列为国家战略，先后发布了《新一代人工智能发展规划》《高等学校人工智能创新行动计划》《国家新一代人工智能开放创新平台建设工作指引》《关于"双一流"建设高校促进学科融合加快人工智能领域研究生培养的若干意见》等通知，抢抓人工智能发展的重大战略机遇，构建赶超世界先进水平的人工智能人才培养体系，加快发展新一代人工智能。

（2）人工智能的主要技术

人工智能是新一轮产业变革的核心驱动力，其实际应用范围非常广泛，与之相结合的产业类型众多，同时也催生了很多产业相关的新技术，如自然语言处理、虚拟现实智能建模、自主无人智能系统、跨媒体分析推理、知识计算引擎与知识服务等。从基本应用层面来说，人工智能包含的关键技术主要有机器学习、自然语言处理、知识图谱、计算机视觉等。

①机器学习（Machine Learning，简称 ML）是人工智能的核心技术，是研究怎样使用计算机模拟或实现人类学习活动的科学。传统机器学习的研究方向主要包括决策树、随机森林、人工神经网络、贝叶斯学习等。当前大数据环境下，机器学习的主要研究方向是深层次地分析、高效地利用复杂多样的数据，实现智能数据分析。

基于学习方式分类，机器学习可以分为监督学习（Supervised Learning）、无监督学习（Unsupervised Learning）、半监督学习（Semi-supervised Learning）和强化学习（Reinforcement Learning）四类。监督学习是以已知的带有类别标记的样本数据作为训练集，从中学到或建立一个模式，并依据该模式来推断新的实例。无监督学习是以没有标记且类别未知的样本数据作为训练集，从中找出潜在类别规则以解决各种问题。半监督学习是监督学习与无监督学习的结合，一般使用大量的未标记样本数据和少量的有标记样本数据来进行训练。强化学习不要求预先给定任何样本数据，而是通过激励函数让模型在接收环境对某项动作的反馈后不断调整更新模型参数，从而达成回报最大化或实现特定目标。

当前机器学习领域中的一个热门的研究方向是深度学习（Deep Learning，简称 DL），其概念源于人工神经网络（Artificial Neural Network，简称 ANN）的研究，目的在于建立模拟人脑分析学习方式的神经网络。

②自然语言处理（Natural Language Processing，简称 NLP）是人工智能和语言学相结合的一项技术，研究此项技术的主要目的是实现人机间的自然语言通信，研究内容大体包括自然语言理解和自然语言生成两个部分。

最早的自然语言处理方面的研究工作是机器翻译，主要的做法是将两种语言的单词、短语对应译法的大辞典存储于计算机中，在翻译时一一对应，技术上只是调整语言的同条顺序。但自然语言的文本和对话在不同的上下文关系和语言环境下存在着歧义性或多义性，需要结合语言学和大量专门知识来提高译文质量。现代自然语言处理技术将计算机科学、人工智能与语言学结合在一起，其算法主要基于机器学习，特别是统计机器学习。在机器翻译方面，基于深度神经网络的算法在上下文语境表征和知识逻辑推理能力方面的发展，使得机器翻译突破了之前基于规则和实例进行翻译的局限性，翻译性能取得了巨大的提升。

当前自然语言处理涉及的领域较多，除机器翻译外，还有语义理解、问答系统等。运用的技术手段大致包括信息抽取、分词、句法分析、词性标注、指代消解、词义消歧等。

③知识图谱。2012 年 5 月，知识图谱（Knowledge Graph，简称 KG）的概念被正式提出，其初衷是优化搜索引擎返回的结果，增强用户搜索质量和使用体验。例如，使用百度搜索关键词"电影"，可以看到按多种分类筛选方式呈现的影片展示，说明搜索引擎在尝试理解用户的意图，而不仅仅是返回关键词为"电影"的网页。

知识图谱将各种信息联系起来，并进行一定的归纳和总结，形成了"知识"。一条条的"知识"组合起来，构建成了"知识图谱"。构建与应用大规模知识库的难点在于自然语言处理，需要让机器能够理解海量信息，这需要多种智能信息处理技术的支持，如知识抽取技术、知识融合技术、知识推理技术和知识表示技术等。

④计算机视觉。从广义上说，计算机视觉（Computer Vision，简称CV）是赋予机器生物视觉能力的一项技术，它是机器学习在视觉领域的展开，是当前人工智能的一个很强的驱动力。计算机视觉利用摄像机等感知设备模拟视觉器官作为信息输入手段，以图像处理技术、信号处理技术、概率统计分析、计算几何、神经网络、机器学习理论和计算机信息处理技术等为基础，通过计算机分析与处理视觉信息，赋予计算机类似于人类的分割、分类、识别、跟踪、判别决策等能力。

当前，计算机视觉的研究主要有人脸识别、文字识别、人体识别、车辆识别、物体识别、图像处理等，最终研究目标是借助海量数据，使机器看懂和理解世界，具备思考和自主适应环境的能力。

（3）人工智能的应用

语音识别、文字识别、语义理解、数据处理分析等人工智能技术的发展帮助计算机更好地感知人类意图和用户状态，不断革新人机交互的方式。当前，针对某些特定场景和任务的人工智能研究取得了很大的进展和广泛的应用。

①教育。人工智能辅助教学在很多学科的课堂和在线教学中已得到初步有效运用，例如语音识别、文字识别、机器翻译、语音朗读等。

②金融。金融行业的特点是具有海量数据和多维度的应用场景，人工智能算法可以充分挖掘并有效利用这些海量弱特征数据，建立起可供有效分析的数学模型。例如智能风控方面的信贷、反欺诈、异常交易监测，智能客服方面的客户接待、管理及服务智能化解决方案，智能营销方面的个性化与精准化营销服务，智能投研方面的从信息搜集到报告产出的投资研究全流程整合管理，智能投顾方面的个性化资产配置方案等。

③医疗。人工智能推动了医疗行业的数字化改革，在电子病历、影像诊断、医疗机器人、健康管理、药物研发等方面已有了广泛的应用，为节约医疗成本、提高服务质量、提升患者体验、改善人群健康等方面作出了重要的贡献。

④交通运输。交通运输行业中人工智能的融合和应用包括基础交通设施建设、运输装备研发应用、运输服务、行业治理等方面，例如数字化和智能化工程监测检测、无人化维修养护、自动驾驶和辅助驾驶、智能多式联运系统、车辆检索等。

⑤零售。人工智能会根据不同用户的特征分析匹配个性化的零售服务，例如线上零售方面的产品推荐、智能客服、智能供应链、商品图像识别、智能物流等，线下零售方面的实时客流统计、定向营销、机器人导购、无人零售、智能试衣、库存盘点等。

⑥安防。人工智能在视频图像的特征提取、内容理解方面有着极大的优势，凭借着强大的计算能力及智能分析能力可以辅助相关安防部门进行对象识别、轨迹推理、门禁监测等。

⑦工业制造。工业制造方面，可自主分工协作的机器人使得产品制造高度自动化，还能替代工人完成高危工作。此外，人工智能可以自动收集工业设备运行的各项数据并进行分析，从而检测设备运行是否正常，并对生产线进行节能优化。

5. 数字媒体

（1）数字媒体概述

数字媒体（Digital Media）是指以二进制数的形式获取、记录、处理、传播信息的载体。

这些载体包括感觉媒体、表示媒体和实物媒体。感觉媒体是指能直接作用于人们的感觉器官，使人能直接产生感觉的一类媒体，常见的类型包括数字化的文本、图形、图像、动画、音频和视频等。用来传输感觉媒体的中介媒体，即用于数据交换的编码称为表示媒体，如图像编码、文本编码和声音编码等。感觉媒体和表示媒体统称为逻辑媒体。用于存储、传输、显示逻辑媒体的载体称为实物媒体。

（2）数字媒体的主要技术

数字媒体技术是融合了数字信息处理技术、计算机技术、数字通信和互联网技术等的交叉学科和技术领域，其研究目的是使抽象的信息变得可感知、可管理、可交互。所涉及的关键技术及内容主要包括数字信息的获取与输出技术、数字信息存储技术、数字信息处理技术、数字信息传播技术、数字信息管理与安全等。除此以外，数字媒体技术还包括在这些关键技术基础上的一些综合技术，如流媒体技术、计算机动画技术、虚拟现实（Virtual Reality，简称 VR）与增强现实（Augmented Reality，简称 AR）技术等。

（3）数字媒体的应用

数字媒体的应用非常广泛，例如数字游戏领域的游戏程序设计、场景设计、角色形象设计、多媒体后期处理、人机交互等，影视领域的影视制作、传播等，广播领域的音频信号数字化、多种类接收终端等，广告领域的分众化、互动化、多样化广告设计等，医疗领域的实时成像、全息导航、3D 虚拟模型模拟治疗等，教育领域的沉浸式远程教学等。

6. 移动通信网络

（1）移动通信网络技术的发展

移动通信网络技术的发展不断革新着信息的传递方式和传输质量。20 世纪 80 年代，第一代移动通信技术（1G）的出现制定了最初仅限语音的模拟蜂窝电话标准。从第二代移动通信技术（2G）开始，出现了数字语音传输技术，具有通话和短信、日期传送功能。第三代移动通信技术（3G）是支持高速数据传输的蜂窝移动通信技术，它将无线通信与国际互联网等通信技术结合起来，能够处理多样化的多媒体数据信息。第四代移动通信技术（4G）将 WLAN 技术与 3G 通信技术结合起来，使无线通信信号更加稳定，传输速率和通信质量都得到了提升。

随着移动数据量的爆发式增长，采用 4G 技术的移动通信网络已难以满足用户需求，第五代移动通信技术（5G）作为最新一代的蜂窝移动通信技术出现了。2015 年 10 月，国际电信联盟无线电通信部门（ITU-R）在瑞士日内瓦召开的无线电通信全会上正式批准了三项有利于推进 5G 研究进程的决议，并正式确定了 5G 的官方名称是 "IMT－2020"，从而确定了全球 5G 的发展目标，计划于 2020 年完成 5G 技术规范。5G 技术的 8 大关键能力指标为：峰值速率达到 10 Gbit/s、用户体验数据率达到 100 Mbit/s、频谱效率比 4G 移动通信标准规范 IMT-A 提升 3 倍、移动性达 500 km/h、时延低至 1 ms、连接密度每平方千米达到 10^6 个、能效比 IMT-A 提升 100 倍、流量密度每平方米达到 10 Mbit/s。

2019 年 10 月 31 日，中国移动、中国电信、中国联通公布 5G 商用套餐，并于 11 月 1 日正式上线，这标志着中国正式进入 5G 商用时代。2020 年 4 月 8 日，三大运营商联合发布了《5G 消息白皮书》，提出了对 5G 消息生态建设的若干构想，展现了大力发展 5G 消息业务的能力与决心。

随着 5G 应用的开启，研究人员也开始对第六代移动通信技术（6G）展开了研究，提出了 6G 的愿景："智慧通信、深度认知、全息体验、泛在连接"。

（2）新一代移动通信网络技术的应用

5G 技术采用超密集异构网络作为提高数据流量的关键技术，具备极高的频谱利用率和能效，其数据传输速率远远高于以前的技术。同时，5G 通信网络的系统安全及智能化水平、无线覆盖性能等都较之前有了很大的提升，无线网络空中接口时延水平在 1 ms 左右，使得用户体验得到了极大的提升，也可以满足某些行业实时应用的需求。国际电信联盟（ITU）定义了 5G 技术的三大应用场景：增强型移动宽带，海量机器类通信及超可靠、低时延通信。

①增强型移动宽带（enhanced Mobile Broadband，eMBB）。eMBB 采用的控制信道编码方案是华为公司的 Polar Code（极化码）方案。应用场景包括高清视频观看、云游戏、云办公、Cloud AR/VR、媒体直播、无人机巡检、城市安防监控、工业拍摄、车载通信娱乐、远程 B 超等。

②海量机器类通信（massive Machine Type of Communication，mMTC）。mMTC 也可以理解为大规模物联网，主要实现的是信息交互功能。应用场景包括个人智能穿戴、智能家居互联、物流跟踪、医疗仪器控制等。

③超可靠、低时延通信（ultra-Reliable and Low Latency Communications，uRLLC）。uRLLC 是指超可靠、低时延通信，主要应用场景有沉浸式社交、工业控制、工厂自动化、智能电网、自动驾驶、远程驾驶、车辆编队、远程手术等。

1.2 信息的表示与存储

信息在现实世界中的表现形式多样，如数值、文字、声音、图像和视频等，它们在计算机等信息设备上需要通过一定的转换方式转换成二进制来进行存储和处理。本节主要介绍计算机中信息的表示和存储方式。

1.2.1 计算机中的数据

数据作为信息的载体，在计算机中都是以二进制编码进行存储和处理的。二进制数只有"0"和"1"两个符号，在电器元件中易于实现且稳定、可靠，而且二进制数的运算法则简单，便于逻辑运算，因此使用二进制编码可以使数据的处理更加容易。

1. 位

计算机中度量数据的最小单位是位（bit）。在一串表示数据的二进制编码中，每一个数码（0 或 1）称为 1 位。

2. 字节

字节（Byte，B）是计算机中信息组织和存储的基本单位，也是计算机体系结构的基本单位。一个字节由 8 位二进制数码组成，即

$$1 \text{ B} = 8 \text{ bit}$$

计算机存储数据的单位除了字节以外，还有千字节、兆字节、吉字节、太字节等，它们之

间的换算关系，如表1-4所示。

表1-4 数据单位换算关系表

中文单位名称	英文简称	进 率
字节	B	1
千字节	KB	2^{10}
兆字节（百万字节）	MB	2^{20}
吉字节（十亿字节）	GB	2^{30}
太字节（万亿字节）	TB	2^{40}
拍字节（千万亿字节）	PB	2^{50}
艾字节（百亿亿字节）	EB	2^{60}
泽字节（十万亿亿字节）	ZB	2^{70}
尧字节（一亿亿亿字节）	YB	2^{80}
珀字节（一千亿亿亿字节）	BB	2^{90}
诺字节（一百万亿亿亿字节）	NB	2^{100}
刀字节（十亿亿亿亿字节）	DB	2^{110}
馈字节（万亿亿亿亿字节）	CB	2^{120}

3. 字长

一般来说，计算机中能够同时处理的一组二进制数码被称为一个计算机"字"，而这组二进制数的位数即"字长"。字长反映了计算机一次最多能够并行处理的二进制位数，是 CPU 的主要技术指标之一，反映了计算机的计算能力和运算精度。字长通常是字节的整数倍，如 8 位、16 位、32 位，发展到现今通用微型机的 64 位，大型机已达 128 位。在其他指标都相同的情况下，字长越长的计算机处理数据的速度越快。

1.2.2 数制及其转换

1. 数制

计算机中使用二进制进行数据存储和处理，此外，在计算机的理论和应用中还会使用八进制和十六进制进行辅助。这三种数制与十进制一样，都属于进位计数制。如果某种数制中有 R 种基本数码符号（如 0，1，2，$\cdots$，$R-1$）来表示数值，则称 R 为该种数制的基数（Radix）。表1-5 中列举了这四种进位计数制的特性。

表1-5 常用的进位计数制

数制	基 数	基本符号	形式表示
二进制（Binary）	2	0, 1	B
八进制（Octal）	8	0, 1, 2, 3, 4, 5, 6, 7	O
十进制（Decimal）	10	0, 1, 2, 3, 4, 5, 6, 7, 8, 9	D
十六进制（Hexadecimal）	16	0, 1, 2, 3, 4, 5, 6, 7, 8, 9, A, B, C, D, E, F	H

由表 1 – 5 可知，不同数制具有不同的基数。对于某个 R 进制数 N，每个数位上的数字所表示的数值等于这一数字乘以基数的整数次幂，该整数由数字所在位置的序号来确定。因此可以将这个 R 进制数 N 写成多项展开式之和的形式：

$$(N)_R = a_n a_{n-1} \cdots a_1 a_0 a_{-1} a_{-2} \cdots a_{-m}$$

$$= a_n \times R^n + a_{n-1} \times R^{n-1} + \cdots + a_1 \times R^1 + a_0 \times R^0 + a_{-1} \times R^{-1} +$$

$$a_{-2} \times R^{-2} + \cdots + a_{-m} \times R^{-m} = \sum_{i=-m}^{n} a_i \times R^i$$

其中，a_i 为第 i 位上的数字，可以是 0，1，$\cdots$，$R-1$ 中的任意一个；R^i 称为第 i 位的权；n 和 $-m$ 分别代表数 N 首尾两端数字所在位置的序号。

例如，十进制数 612.07 写成按权展开式的形式为：

$$612.07 = 6 \times 10^2 + 1 \times 10^1 + 2 \times 10^0 + 0 \times 10^{-1} + 7 \times 10^{-2}$$

2. 不同数制间的转换

（1）R 进制数转换为十进制数

将 R 进制数转换为十进制数，只需要将该数参照前述多项展开式按位权展开，然后求和即可。

案例 1 – 1　将二进制数 1011.01 转换为十进制数。

解： $(1011.01)_B = (1 \times 2^3 + 0 \times 2^2 + 1 \times 2^1 + 1 \times 2^0 + 0 \times 2^{-1} + 1 \times 2^{-2})_D$

$$= (8 + 2 + 1 + 0.25)_D$$

$$= (11.25)_D$$

案例 1 – 2　将八进制数 62.14 转换为十进制数。

解： $(62.14)_O = (6 \times 8^1 + 2 \times 8^0 + 1 \times 8^{-1} + 4 \times 8^{-2})_D$

$$= (48 + 2 + 0.125 + 0.0625)_D$$

$$= (50.1875)_D$$

案例 1 – 3　将十六进制数 D3.A 转换为十进制数。

解： $(D3.A)_H = (13 \times 16^1 + 3 \times 16^0 + 10 \times 16^{-1})_D$

$$= (208 + 3 + 0.625)_D$$

$$= (211.625)_D$$

在实际应用中，还可以借助 Windows 操作系统中"计算器"工具的"程序员"模式来完成整数部分的数制转换。

（2）十进制数转换为 R 进制数

将十进制数转换为 R 进制数时，可将十进制数的整数部分和小数部分分离开来，整数部分采用"除 R 取余"法，小数部分采用"乘 R 取整"法，最后将两部分的结果再拼接起来即可。

案例 1 – 4　将十进制数 130.25 转换为二进制数。

解： 整数部分转换如下：

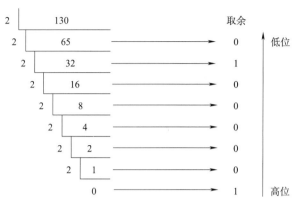

小数部分转换如下：

小数部分乘积取整后余下部分为 0，结束运算。

最后结果为：$(130.25)_D = (10000010.01)_B$。

 案例 1-5　将十进制数 127.325 转换为八进制数（精确到 4 位小数）。

解： 整数部分转换如下：

$$
\begin{array}{r|r}
8 & 127 \\
8 & 15 \\
8 & 1 \\
& 0
\end{array}
\quad
\begin{array}{l}
\text{取余} \\
7 \quad \text{低位} \\
7 \\
1 \quad \text{高位}
\end{array}
$$

小数部分转换如下：

$$
\begin{array}{r}
0.325 \\
\times 8 \\
\hline
2.600 \\
\times 8 \\
\hline
4.800 \\
\times 8 \\
\hline
6.400 \\
\times 8 \\
\hline
3.200 \\
\times 8 \\
\hline
1.600
\end{array}
\quad
\begin{array}{l}
\text{取整} \\
2 \quad \text{高位} \\
\\
4 \\
\\
6 \\
\\
3 \\
\\
1 \quad \text{低位}
\end{array}
$$

因八进制采用三舍四入法，小数部分舍去第 5 位的"1"，保留 4 位为 0.2463。

最后结果为：$(127.325)_D \approx (177.2463)_O$。

（3）二进制数与八进制数、十六进制数之间的转换

二进制、八进制、十六进制的基数分别为 2、8、16，由于 8 和 16 为 2 的整数次幂，即 $8 = 2^3$，$16 = 2^4$，故 1 位八进制数相当于 3 位二进制数，1 位十六进制数相当于 4 位二进制数。因此，将二进制数转换为八进制数时，只需以小数点为界，分别向左、右方向每 3 位一组进行划分，两端剩余位数不够时补 0，再将每组分别转换成八进制数即可。同理，将二进制数转换为

十六进制数时，只需以每 4 位一组进行划分并转换即可。

为方便转换，可参照表 1-6 所示的二进制数、八进制数和十六进制数的转换对照表。

表 1-6 二进制数、八进制数和十六进制数转换对照表

八进制数	二进制数	十六进制数	二进制数	十六进制数	二进制数
0	000	0	0000	8	1000
1	001	1	0001	9	1001
2	010	2	0010	A	1010
3	011	3	0011	B	1011
4	100	4	0100	C	1100
5	101	5	0101	D	1101
6	110	6	0110	E	1110
7	111	7	0111	F	1111

案例 1-6 将二进制数 1001110.01101 转换为八进制数。

解：

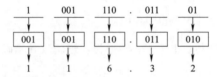

最后结果为：$(1001110.01101)_B = (116.32)_O$。

案例 1-7 将二进制数 1001110.01101 转换为十六进制数。

解：

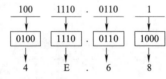

最后结果为：$(1001110.01101)_B = (4E.68)_H$。

将八进制数和十六进制数转换为二进制数时，只需将上述过程反之。若所得二进制数首尾出现 0 时，可以将其省略。若要实现八进制数与十六进制数之间的转换，可以借助十进制数，亦可以二进制数作为媒介，参照表 1-6 进行转换。

1.2.3 数值的编码

数值，即通常所说的数学中的数，在实际使用中有正负、大小和小数点，在计算机内部的表示比较复杂。比如，在计算机中，如果约定数值的小数点位置固定不变，则被称为"定点数"。若小数点位置固定在数值的最高位之前，则该数值为纯小数，称为"定点小数"；若小数点位置固定在数值的最低位之后，则该数值为整数，称为"定点整数"。如果数值的小数点在逻辑上是不固定的，则被称为"浮点数"。为了便于介绍，此处仅以定点整数为例展开。

1. 无符号整数

无符号整数没有符号位，它的全部数位都用来表示数值的大小。一个用 n 位二进制位来表示的无符号整数，其可表示的数值范围为 $0 \sim 2^n - 1$。例如，有一个 8 位的无符号整数，则其表示范围为 $(00000000)_B \sim (11111111)_B$，即十进制的 $0 \sim 255$。

2. 有符号整数

有符号整数的最左边一位即最高位用来表示数值的符号，这一位称为符号位，其余位称为数值位。通常把直接用正号"＋"和负号"－"来表示某个数正负的二进制数叫作其真值。在计算机的数值编码中，符号位为"0"表示正号，为"1"表示负号。某个数在计算机内存放的二进制表示形式称为机器数或机器码，机器数将符号位数字化，且数的大小受字长的限制。

在计算机中，有符号整数可以采用原码、反码和补码等编码方式。这里以 8 位二进制编码的有符号整数为例展开介绍。

（1）原码

假设计算机的字长为 n 位，对于有符号整数 X 进行编码，则其真值为：$X = \pm x_{n-2}x_{n-3}\cdots x_0$，其中 $x_i = 0$ 或 1。将真值的符号位以"0"表示正，以"1"表示负，则可以得到整数 X 的原码，通常以 $[X]_原$ 表示。

以 8 位字长为例，有符号整数的表示范围为 $-1111111 \sim +1111111$，即 $-127 \sim 127$。将最大值和最小值以原码形式表示为：

$$[+127]_原 = 01111111 \qquad\qquad [-127]_原 = 11111111$$

原码对于 0 的表示不唯一，$[+0]_原 = 00000000$，$[-0]_原 = 10000000$，这增加了运算器的设计难度；而且原码在进行运算时符号位需要单独处理，增加了运算的复杂度。

（2）反码

对于有符号整数 X 的反码，若 X 为正数，其反码与原码相同；若 X 为负数，其符号位为 1 保持不变，数值位为 X 绝对值的二进制按位取反，即原码的数值位按位取反。通常以 $[X]_反$ 来表示 X 的反码。例如：

$$[+127]_反 = 01111111 \qquad\qquad [-127]_反 = 10000000$$

8 位反码表示的有符号整数的最大值、最小值和取值范围与原码相同。反码对于 0 的表示也有两种，即 $[+0]_反 = 00000000$，$[-0]_反 = 11111111$。

（3）补码

对于有符号整数 X 的补码，若 X 为正数，其补码与原码、反码相同；若 X 为负数，其符号位仍为 1，数值位为 X 绝对值的二进制按位取反后最低位加 1，即反码加 1。通常以 $[X]_补$ 来表示 X 的补码。例如：

$$[+127]_补 = 01111111 \qquad\qquad [-127]_补 = 10000001$$

假设计算机的字长为 8 位，在表示 0 的补码时，$[-0]_补 = 11111111 + 1 = 100000000$，因超出了 8 位字长，要舍弃最高位 1，所以 $[-0]_补 = 00000000$，则可得 $[-0]_补 = [+0]_补 = 00000000$，即在补码中 0 有唯一的编码。

在计算机用补码表示的数值中，$0 \sim 127$ 分别以 $00000000 \sim 01111111$ 表示，$-127 \sim -1$ 分别以 $10000001 \sim 11111111$ 表示。于是，可以规定多出来的编码 10000000 用来表示 -128 的补

码，使得补码表示数值的范围从最小值 −127 扩展到了 −128。可以使用补码运算进行验证：

$$-128 = （-1）+ （-127）$$

$$
\begin{array}{r}
11111111 \quad \text{（−1 的补码）}\\
+\underline{\quad 10000001 \quad} \text{（−127 的补码）}\\
110000000 \quad \text{（结果的补码）}
\end{array}
$$

运算结果的补码为 110000000，因假设字长为 8 位，故舍弃最高位 1，结果为 10000000。

综上所述，在字长为 8 位的计算机系统中，二进制数的原码、反码和补码的表示范围如表 1−7 所示，其中 −128 只有补码，没有相应的原码和反码。

表 1−7　原码、反码和补码的表示范围

码制	表示范围	可表示的整数个数
原码	−127 ~ −0，+0 ~ +127	256 个
反码	−127 ~ −0，+0 ~ +127	256 个
补码	−128 ~ 0 ~ +127	256 个

因此，对于任意一个用 n 位二进制位来表示的有符号整数，其可取的最大数值范围为 $-2^{n-1} \sim 2^{n-1} - 1$。

在计算机系统的实际使用中，通常用补码来表示和存储数值。使用补码可以将符号位一起参与运算，将其与数值位统一处理。同时，使用补码既可以直接进行加法运算，也可以将减法转换为加法来运算，有效简化了运算器的设计。

案例 1−8　计算 （−5）+8 的值。

解：

$$
\begin{array}{r}
111111011 \quad \text{（−5 的补码）}\\
+\underline{\quad 00001000 \quad} \text{（8 的补码）}\\
100000011 \quad \text{（结果的补码）}
\end{array}
$$

运算结果的补码为 100000011，舍弃超出 8 位字长的最高位 1，结果为 00000011。因符号位为 0，是正数，其原码与补码相同，转换成十进制为 3，结果正确。

案例 1−9　计算 （−5）−8 的值。

解：将减法转换为加法可得：（−5）−8 = （−5）+ （−8），则

$$
\begin{array}{r}
11111011 \quad \text{（−5 的补码）}\\
+\underline{\quad 11111000 \quad} \text{（−8 的补码）}\\
111110011 \quad \text{（结果的补码）}
\end{array}
$$

运算结果的补码为 111110011，舍弃超出 8 位字长的最高位 1，结果为 11110011。因符号位为 1，是负数，将数值位再次求补，可得其原码为 10001101，转换成十进制为 −13，结果正确。

1.2.4　西文字符的编码

计算机中对于英文字母、阿拉伯数字、标点符号和控制符等特殊符号采用的二进制编码称为字符编码。最通用的国际标准为美国信息交换标准代码（American Standard Code for Information Interchange，ASCII）。ASCII 码有 7 位码和 8 位码两种版本，标准 ASCII 码使用的是 7

位码，即使用 7 位二进制数来表示每个西文字符，共有 $2^7 = 128$ 个不同的编码值。其中包括 10 个阿拉伯数字、52 个英文大小写字母、32 个字符和运算符以及 34 个控制码。由于计算机的基本处理单位为字节，以一个字节存放标准 ASCII 码时，最高位设置保持为 0，其余 7 位用来表示字符的编码值。若将编码值表示为 $b_6 b_5 b_4 b_3 b_2 b_1 b_0$，其中 b_6 为最高位，b_0 为最低位，所有字符与编码的对应关系如表 1-8 所示。

表 1-8 　标准 ASCII 码表

符号 $b_6 b_5 b_4$ / $b_3 b_2 b_1 b_0$	000	001	010	011	100	101	110	111
0000	NUL	DLE	SP	0	@	P	`	p
0001	SOH	DC1	!	1	A	Q	a	q
0010	STX	DC2	"	2	B	R	b	r
0011	ETX	DC3	#	3	C	S	c	s
0100	EOT	DC4	$	4	D	T	d	t
0101	ENQ	NAK	%	5	E	U	e	u
0110	ACK	SYN	&	6	F	V	f	v
0111	BEL	ETB	'	7	G	W	g	w
1000	BS	CAN	(	8	H	X	h	x
1001	HT	EM	)	9	I	Y	i	y
1010	LF	SUB	*	:	J	Z	j	z
1011	VT	ESC	+	;	K	[	k	{
1100	FF	FS	,	<	L	\	l		
1101	CR	GS	−	=	M	]	m	}
1110	SO	RS	.	>	N	^	n	~
1111	SI	US	/	?	O	_	o	DEL

从表 1-8 中查询某个字符的编码时，只需按次序查看列标和行号即可。例如，表示空格的字符"SP"（Space）的编码为 0100000；数字"0"的编码为 0110000。

将表中常用的字母和数字的 ASCII 码转换为十进制和十六进制，结果如表 1-9 所示，可知大小写字母、数字间 ASCII 码的推算规律。

表 1-9 　字母和数字的 ASCII 码表示

字　　符	十进制表示	十六进制表示
0 ~ 9	48 ~ 57	30 ~ 39
A ~ Z	65 ~ 90	41 ~ 5A
a ~ z	97 ~ 122	61 ~ 7A

案例 1-10 　已知大写字母"A"的十进制 ASCII 码为 65，推算小写字母"f"的十进制 ASCII 码。

解：由"A"的十进制 ASCII 码可以推算出"a"的十进制 ASCII 码为 65 + 32 = 97；"f"的

十进制 ASCII 码应比"a"大 5，所以"f"的十进制 ASCII 码为 97 + 5 = 102。

由于欧洲许多国家的语言使用的字符是英语中没有的，128 个字符不够用来表示这些语言，所以一个字节中闲置的最高位被利用了起来，又创造了 128 个使用 8 位二进制数表示的扩充字符集，被称为扩充 ASCII 码。

1.2.5　汉字的编码

汉字由于数量众多，在计算机中的表示比西文字符要复杂得多。从输入计算机，在计算机中存储、处理，到最后输出结果，实际上就是各种汉字编码间的转换过程。涉及的汉字编码包括输入码、区位码、国标码、机内码、地址码和字形码等。

1. 输入码

为将汉字输入计算机而设计的代码称为汉字输入码，又称外码。根据编制的规则不同，大致可以分成以下几类：

①音码类：全拼输入法、双拼输入法、微软拼音输入法等。

②形码类：五笔输入法、郑码输入法等。

③其他：语音输入法、手写输入法、扫描输入法等。

2. 区位码和国标码

汉字被输入进计算机后，计算机内表示汉字信息采用的是由中国国家标准总局 1980 年发布，1981 年 5 月 1 日开始实施的一套汉字编码国家标准——《信息交换用汉字编码字符集　基本集》，标准号为 GB 2312—1980，通称为国标码。

基本集共收录了 6 763 个常用汉字和 682 个非汉字图形字符。其中根据常用汉字的使用频率分成了两级，一级汉字为 3 755 个，二级汉字为 3 008 个。由于字符数量很大，GB 2312—1980 采用了二维矩阵编码法对所有的字符进行编码。整个字符集分成 94 行 94 列，将每一行称为一个"区"，每一列称为一个"位"，然后将所有字符按照指定的规律填写入方阵中，确保每个字符在方阵中的位置唯一。每个字符以所在位置的区号和位号合成表示，该合成代码称为字符的区位码。由于区码和位码在计算机中分别占 1 字节，所以每个汉字在计算机中占 2 字节。第一个字节称为"高位字节"或"区字节"，第二个字节称为"低位字节"或"位字节"。例如汉字"国"的区位码为 2590，即它位于第 25 行、第 90 列。

由于区位码为 4 位十进制数，国标码为 4 位十六进制数，为了与西文字符的 ASCII 码兼容，将区位码转换成国标码时，除了将区号和位号分别转换成十六进制以外，还需分别加上 $(20)_H$，或者先将区号和位号分别加上 $(32)_D$，再转换为十六进制。

 案例 1-11　将汉字"国"的区位码 $(2590)_D$ 转换为国标码。

解：

方法一：

$$(\underline{25}\ \underline{90})_D \longrightarrow (\underline{19}\ \underline{5A})_H$$

$$(\underline{19}\ \underline{5A})_H + (\underline{20}\ \underline{20})_H \longrightarrow (\underline{39}\ \underline{7A})_H$$

方法二：

$$(\underline{25}\ \underline{90})_D + (\underline{32}\ \underline{32})_D \longrightarrow (\underline{57}\ \underline{122})_D$$
$$(\underline{57}\ \underline{122})_D \longrightarrow (\underline{39}\ \underline{7A})_H$$

所以将汉字"国"的区位码$(2590)_D$转换为国标码为$(397A)_H$。

3. 机内码

由于计算机内部采用二进制进行信息的存储和处理，所以汉字的代码也需要转换成二进制的形式。机内码就是计算机内部存储和处理汉字时所采用的二进制代码，简称"内码"。

因为每个汉字采用2字节进行存储，为了避免与ASCII码产生歧义，机内码将每个字节的最高二进制位设置为"1"加以区分。即将汉字国标码的每个字节分别加上$(80)_H$（即二进制数10000000）。

 案例1-12　将"国"的国标码$(397A)_H$转换为机内码。

解：

$$(\underline{39}\ \underline{7A})_H + (\underline{80}\ \underline{80})_H \longrightarrow (\underline{B9}\ \underline{FA})_H$$

将$(B9FA)_H$的高位、低位字节分别转换为二进制，最后获得的机内码的二进制表示为$(1011100111111010)_B$。

4. 地址码

汉字地址码是指计算机的汉字库中存储汉字字形信息的逻辑地址码，它与汉字机内码通过简单的函数关系对应起来。通过地址码可以实现对汉字库的访问，以便提取字形码向输出设备输出汉字。

5. 字形码

汉字字形码又称字模或汉字输出码，用于汉字在显示屏或打印机的输出，通常有点阵和矢量两种表示方法。

由于汉字是方块字，用点阵法表示汉字时，将方块等分成了n行n列的格子，在笔画所到的格子内填入黑点，以二进制数"1"表示，其余空白格子以二进制数"0"表示。这样，一个汉字的字形码就可以用一串二进制数来表示了。

根据输出汉字的要求不同，点阵的规模也不同。简易型汉字为16×16点阵，普通型汉字为24×24点阵，提高型汉字为32×32点阵、48×48点阵等等。图1-1所示为汉字"国"的16$\times$16点阵字形示意图。

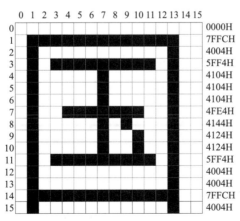

图1-1　汉字字形码点阵

点阵的规模越大，行、列数划分越多，则字形越清晰美观，锯齿现象也越小，但所占的存储空间相应地会越大。若已知汉字点阵的大小，即可计算出存储一个汉字所需占用的存储空间。采用的公式为：

$$字节数 = \frac{点阵行数 \times 点阵列数}{8}$$

📝 **案例 1 – 13**　使用 24×24 点阵表示汉字，每个汉字的字模需要多大的存储空间？

解：

$$字节数 = \frac{24 \times 24}{8} = 72 \text{ B}$$

因此 24×24 点阵的每个字形码需要 72 字节的存储空间。

使用点阵法输出的汉字缺点是放大后会有很明显的锯齿。为了改进字体的输出效果，Apple 公司和 Microsoft 公司联合推出了一种新型数学形描述技术——TrueType。它采用数学方法来描述字体的外形轮廓，无论放大或缩小都不会出现锯齿，使字体的输出更加光滑美观。

6. 其他汉字编码

汉字编码的字符集除了 GB 2312—1980 字符集外，还有扩展收录了一些繁体字和生僻字等的 GBK 字符集（国家标准扩展字符集），我国台湾、香港等地区使用的 BIG5 繁体中文字符集，用于对基本集进行补充的国家标准 GB 18030 字符集（包含 GB 18030—2000 和 GB 18030—2005 两个版本），能用双字节编码统一表示几乎世界上所有书写语言的 Unicode 编码等。在使用字符集的编码时，如果得不到操作系统或应用软件的支持，字符将不能正常显示。

1.2.6　图像的编码

图像（Image）是自然景物在人类视觉上的客观反映，是多媒体技术中最基本、最重要的数据，通常是指各种图形和影像的总称。在计算机中处理的图像一般是指数字图像，按照其生成方式大致可以分为位图（Bitmap）和矢量图（Vector Graphics）两种。

1. 位图的数字化

位图图像又称点阵图像或栅格图像，是由一个个数字单元组成的。这些数字单元作为表示位图的最小单位，称为像素。数码照相机拍摄的照片、扫描仪扫描的图片等都属于位图，其数字化过程大致可以分为采样、量化和编码三个步骤。

（1）采样

简单来说，采样就是对二维空间上的连续图像从水平和垂直方向上进行等距分割，从而将图像划分成 $m \times n$ 个像素，每个网格里使用一个灰度值来表示。采样后的总像素数目即为该图像的分辨率。例如，一幅 800×600 分辨率的图像，表示这幅图像是由 800×600 = 480 000 个像素点组成的。

（2）量化

把采样后得到的各个像素的灰度值从模拟量转换为离散量，即将采样点上连续变化的亮度区间转换为单个特定数码的过程称为量化。计算机中一般使用 8 位二进制数（256 级）来进行量化，即像素灰度的取值为 0 ~ 255。量化级数越高，像素的灰度表现越细致、丰富。量化后，每个像素具有了位置和灰度两个属性。

一幅图像数字化后的数据量实际上就是存储该幅图像所有像素点信息所需占用的数据空间的大小，其计算公式为：

图像数据量 = 像素点数 × 像素深度/8　　（单位为字节）

像素深度指的是存储每个像素所用的二进制位数。例如，真彩色图像使用 R、G、B 三个分量表示每个像素，若每个分量使用 8 位二进制数来表示，则每个像素需要使用 24（8 + 8 + 8）位二进制数来表示，即像素深度为 24。每个像素可以选用的颜色种类有 16 777 216（2^{24}）种。表示一个像素的二进制位数越多，它能表达的颜色种类就越多，图像的色彩就越丰富。

案例 1 - 14　一幅未经压缩的 1 024 × 768 分辨率的 24 位真彩色图像，其数据量是多少？

解：

$$图像数据量 = 1\ 024 \times 768 \times \frac{24}{8} = 2\ 359\ 296\ \text{B} = 2.25\ \text{MB}$$

（3）编码

图像在经过了采样和量化后，其所占的数据空间较大，可以通过对图像进行合理的编码压缩以节省存储空间、提高图像在网络中的传输速率等。图像的编码方法根据压缩效果可以分为有损编码和无损编码，如 JPEG 图像格式采用的是有损压缩，GIF、BMP、TIFF 等图像格式采用的是无损压缩；根据编码原理可以分为熵编码、预测编码、变换编码、分形编码、小波变换图像压缩编码等。

2. 矢量图的数字化

矢量图是采用一系列计算机指令来表示的图像，其本质是很多个数学表达式的编程语言表达，所以矢量图在计算机内存储的是这些指令的编码。

构成矢量图的图形元素有点、线、矩形、多边形、圆和弧线等，矢量图中包含的图形对象的数量和复杂程度决定了文件的大小。矢量图可以在无限放大时不失真，但是无法像位图一样表现丰富的色彩层次和逼真的图像效果。

常用的矢量图软件有 Illustrator、Flash、CorelDRAW 等，常见的文件格式有 .ai、.cdr、.col、.dxf、.wmf 等。

1.2.7　声音的编码

声音是一种能量波，因此其具有频率和振幅的特征。当用电来表示时，声音是一种连续的模拟信号。由于计算机中进行存储和处理采用的是数字信号，所以声音的编码过程其实就是将连续的模拟信号转换为离散的数字信号的过程，这一过程通常采用的基本技术是脉冲代码调制（Pulse Code Modulation，PCM）编码，主要包括采样、量化和编码三个步骤。

由于声波的波形是连续的，在进行声音信号的记录时，需要每隔一定时间间隔在声音的波形上取一个幅度值，以此将连续的信号转换为离散的信号，这一过程称为采样。采样的时间间隔称为采样周期，其倒数称为采样频率。采样频率越高，数字化音频的质量也越高，但所占的存储空间也会越大。

量化是将每个采样点的幅度值用数字量来表示，该数字量的二进制位数称为量化位数或者采样精度。量化位数是决定数字化音频质量的另一重要参数，一般取 8 位、12 位或 16 位。量化位数越高，声音保真效果越好。

编码是将量化后的数字量转换成二进制代码组，有时也将量化和编码过程合称为量化。

常见的存储声音的文件格式有 .wav、.wma、.mp3 等。

▌ 1.3　信息安全

计算机技术的飞速发展和互联网技术的广泛应用对人们的工作和生活有着深远的影响，但同时也给信息的安全问题埋下了隐患。为了给信息安全提供法律保障，我国制定了《中华人民共和国网络安全法》《互联网信息服务管理办法》《计算机信息网络国际联网安全保护管理办法》《中国公用计算机互联网国际联网管理办法》《中华人民共和国计算机信息系统安全保护条例》《计算机软件保护条例》等法律法规，从制度上维护和促进信息技术的合理应用和健康发展。

1.3.1　常见的信息安全问题

随着互联网的普及，信息设备已不再局限于个人计算机和智能手机，类似智能手表、智能音箱、智能手环和智能摄像头等种类繁多的智能设备的应用，使得人们的信息安全面临着一定的风险。目前常见的信息安全危害有计算机病毒、网络攻击、网络安全漏洞、网络暴力、信息倒卖等。

（1）计算机病毒

计算机病毒实质上是一种特殊的计算机程序，一般具有寄生性、破坏性、传染性、潜伏性和隐蔽性的特征。常见的病毒类型有木马病毒、蠕虫病毒、宏病毒等。计算机病毒可能导致用户个人信息的泄露、计算机系统和文件的损坏等，是信息安全的一大威胁。

（2）网络攻击

网络攻击是指在没有得到授权的情况下访问、偷取、破坏、揭露、修改任一计算机的数据或者使其软件或服务失去功能。参与网络攻击的主体包括政府组织、黑客等。黑客源自英文Hacker 一词，最初泛指擅长 IT 的计算机高手，后来逐渐区分为白帽、灰帽、黑帽等。通常媒体报道中的黑客是指利用公共通信网络在未经许可的情况下侵入或攻击他人系统和窃取信息的人员。黑客攻击的手段中也会结合病毒，如利用搜索引擎毒化技术来隐藏木马病毒等。

（3）网络安全漏洞

各种计算机的硬件与操作系统、应用软件等都会存在一定的安全漏洞，当被网络攻击者找到并利用时，就可能导致个人隐私信息泄露。

（4）网络暴力

网络暴力是指网民在网络上的暴力行为，包括运用语言、文字对人进行伤害，未经事件当事人同意在网上公开当事人的真实身份、照片等个人隐私信息。2019 年 12 月，国家互联网信息办公室发布《网络信息内容生态治理规定》，自 2020 年 3 月 1 日起施行。根据规定，网络信息内容服务使用者和生产者、平台不得开展网络暴力、人肉搜索、深度伪造、流量造假、操纵账号等违法活动。

（5）信息倒卖

某些掌握大量个人信息的单位、工作人员，如保险、理财、房产中介和手机 APP 应用等，利用互联网平台将个人信息批量倒卖从中获利，或者利用个人隐私进行诱骗欺诈等，这些行为严重侵犯了个人的信息安全。2015 年 11 月 1 日，《刑法修正案（九）》将"出售、非法提供公民个人信息罪"和"非法获取公民个人信息罪"整合为"侵犯公民个人信息罪"，以保障公民的信息安全。

1.3.2　信息安全技术

个人信息的泄露可能给犯罪分子以可乘之机，导致当事人遭受经济损失和人身安全风险，而信息安全技术的应用可以从一定程度上保护个人的信息安全。

（1）密码保护技术

常用的账号加一组固定密码的保密方式存在着很大的安全隐患，这种账户极易被盗取或破解。密码保护技术相当于给账户多加了一把或几把锁。常见的密保技术有密保手机、密保邮箱、U 盾、指纹识别、人脸识别等，图 1 - 2 所示为 Microsoft 公司的 Authenticator 应用，它可以在成功绑定账户后，结合身份识别技术，让用户能够免密码且安全地登录账户，还可以使用一次性密码通过二次验证登录，在修改敏感信息时还会进行验证并且通知各个绑定的密保手机及邮箱。

（2）防火墙

防火墙的作用是监控内部网络和外部网络之间进行的信息存储和传递等操作，从而保证内部网络的信息安全。目前防火墙的产品种类和分类方式非常多，如可以分成软件防火墙、硬件防火墙以及芯片级防火墙等。个人计算机在使用时最常见的是 Windows Defender 防火墙，图 1 - 3 所示为 Windows 10 系统中的防火墙设置窗口，图 1 - 4 所示为防火墙的高级设置窗口。

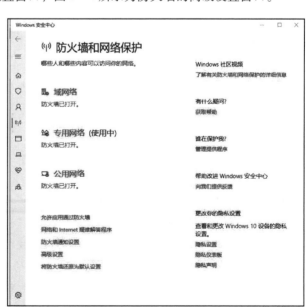

图 1 - 2　Authenticator 应用　　　　　图 1 - 3　Windows 防火墙和网络保护

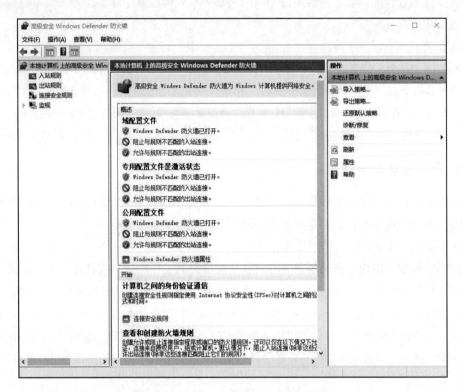

图 1 - 4　Windows Defender 防火墙

（3）杀毒软件

杀毒软件主要用于计算机病毒的防控和清除，有的杀毒软件还附带有数据恢复、文件加密、软件管理、垃圾清理、弹窗拦截、网络流量控制等功能。使用杀毒软件最好将版本设置成自动更新，以便更好地查杀新类型的病毒。

（4）备份与还原技术

为了防止系统感染病毒或遭受攻击而造成系统或数据的丢失及损坏，可以采用备份的方法，将数据从计算机的硬盘复制到移动存储设备或云存储器，并在需要时将已备份的文件重新还原到计算机中，从而保障个人信息的安全，减少数据丢失对于个人工作和生活的影响。

小　结

信息是人类认知和改造世界的重要工具，而信息技术作为一门多学科交叉融合的综合性技术，从古代到现代一直推动着人类文明的进步。按照信息的载体和通信方式的发展，信息技术可以分为古代、近代和现代三个发展阶段。古代信息技术的发展经历了语言的使用、文字的创造和印刷术的发明三次信息技术革命。近代信息技术的发展过程经历了第四次信息技术革命，即电信革命。现代信息技术发展阶段经历了电子计算机的诞生和普及。

在初代计算机诞生后的几十年间，信息技术的发展突飞猛进。大数据、物联网、云计算、人工智能、数字媒体和移动通信网络等新一代信息技术层出不穷，在各领域有着广泛的应用，对人们的生产、生活方式和社会的发展变革产生了深远的影响。

计算机是以二进制编码存储和处理信息的，二进制数包括"0"和"1"两个符号。在计算机的理论和应用中常用的进位计数制还有八进制、十进制和十六进制，几种数制之间可以遵循一定的规则进行转换。

数值在计算机内部进行表示时，存在无符号和有符号两种表示方式。有符号整数可以采用原码、反码和补码等编码方式。

英文字母、阿拉伯数字、标点符号和控制符等特殊符号在计算机中最通用的字符编码国际标准为 ASCII 码。汉字的编码方式包括输入码、区位码、国标码、机内码、地址码和字形码等。图像、声音在计算机中也有特定的编码方式。

在信息技术飞速发展的同时还需要注意信息安全问题，可以依靠信息安全技术从一定程度上来保护个人的信息安全。

习　　题

【练习 1-1】信息技术的发展可以分为哪几个阶段？各阶段的发展过程中主要有哪些特征？

【练习 1-2】简述身边对于新一代信息技术的应用情况。

【练习 1-3】介绍一下自己是如何保护个人信息安全的。

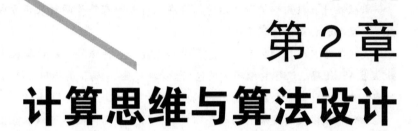

第2章
计算思维与算法设计

引言

　　学习计算思维不仅需要学习计算机及相关软件的原理，还要学习分析和解决问题的思路和方法。计算思维提供了一种能够广泛应用于工作、学习和生活中的组织和分析问题的新视角，是帮助人们理解计算本质和计算机求解问题核心思想的最佳途径。本章将通过介绍计算思维的概念、计算机的三大核心思维（"0和1"的思维、"程序"的思维、"递归"的思维）、算法的概念与特征、流程图的绘制、程序设计的三种基本结构以及常用的经典算法思想，结合案例讲解如何进行问题求解的算法设计。

内容结构图

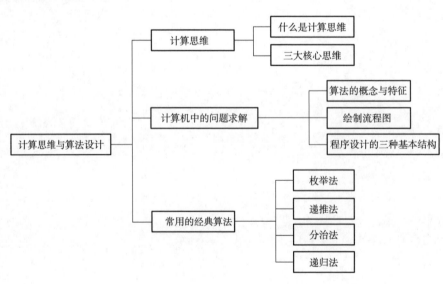

学习目标

通过对本章内容的学习，应该能够做到：

1. 理解：计算思维、"0"和"1"思维、程序思维、递归思维以及算法的概念与特征；
2. 掌握：程序的三种逻辑结构：顺序结构、分支结构和循环结构；
3. 理解：枚举法、递推法、分治法、递归法 4 种经典算法思想和运用；
4. 应用：能够绘制程序设计流程图。

2.1 计算思维

如今随着现代科学的形成与发展，人们的生活方式不断发生改变，同时也逐渐转变着人们的认知结构与思维特征。特别是随着大数据、物联网、云计算、人工智能、数字媒体以及新一代移动通信网络等技术的快速发展和普及，现实世界与虚拟世界不断渗透融合，计算优势在很多行业领域都显示出变革性的意义。

为了适应计算强度日益增加的信息社会的需求，更好地认识和改造世界，人们就有必要深入地感知生活中的计算，理解计算机科学的基本知识。计算思维能够反映计算机科学的核心概念与思想，但它并不仅仅适用于计算机科学领域。作为一种解决问题的方法，计算思维可以提供一种能够广泛应用于工作、学习和生活中的组织和分析问题的新视角，同时，它可以连接计算机科学与其他各类不同学科，如物理、化学、生物和医学等。

计算思维淡化专业方法实现，强调运用计算概念和方法解决问题的思维过程，面向更广范围的需求，是帮助人们理解计算本质和计算机求解问题核心思想的最佳途径。

2.1.1 什么是计算思维

计算思维（Computational Thinking）的概念是由美国卡内基·梅隆大学计算机科学系主任周以真（Jeannette M. Wing）教授于 2006 年 3 月首次提出：计算思维是运用计算机科学的基础概念进行问题求解、系统设计，以及人类行为理解等涵盖计算机科学之广度的一系列思维活动。2010 年，周以真教授又指出计算思维是与形式化问题及其解决方案相关的思维过程，其解决问题的表示形式应该能有效地被信息处理代理执行。

计算思维面向所有人、所有领域。如同"读、写、算"一样，是数字时代人人都应该具备的基本技能。计算思维、理论思维和实验思维一起构成了科技创新的三大支柱。

计算思维吸取了问题解决所采用的一般数学思维方法，现实世界中巨大复杂系统的设计与评估的一般工程思维方法，以及复杂性、智能、心理、人类行为的理解等一般科学思维方法。计算思维建立在计算过程的能力和限制之上，由机器执行。计算方法和模型使我们敢于去处理那些原本无法由个人独立完成的问题求解和系统设计。

计算思维的主要特性：

（1）计算思维是概念化的抽象思维，而非程序思维。

计算机科学不是计算机编程。像计算机科学家那样去思维意味着远不止能为计算机编程，还要求能够在抽象的多个层次上思维。

（2）计算思维是人的思维，而非机器的思维。

计算思维是人类求解问题的一条途径，但决非要使人类像计算机那样地思考。计算机枯燥且沉闷，人类聪颖且富有想象力，是人类赋予计算机激情。配置了计算设备，我们就能用自己的智慧去解决那些在计算时代之前不敢尝试的问题，实现"只有想不到，没有做不到"的境界。

（3）计算思维与数学和工程思维的互补和融合。

计算机科学在本质上源自数学思维，因为像所有科学一样，其形式化基础建筑于数学之上。计算机科学又从本质上源自工程思维，因为我们建造的是能够与实际世界互动的系统，基本计算设备的限制迫使计算机科学家必须计算性地思考，不能只是数学性地思考。构建虚拟世界的自由使我们能够设计超越物理世界的各种系统。

计算思维是数字时代人人都应具备的基本技能。关于计算思维的培养，可以尝试通过以下计算思维教育进行渗透和培养：

①在计算机程序设计教学中渗透计算思维；

②通过机器人教学渗透计算思维；

③通过游戏软件培养计算思维；

④通过音视频创作培养计算思维；

⑤通过开源硬件项目设计培养计算思维；

⑥通过建模与仿真培养计算思维。

2.1.2 三大核心思维

计算思维涵盖了计算机科学的各个核心思想，并融合了计算技术与各学科理论，内容非常广泛。计算技术与计算机系统的不断成长与发展，其核心则是三大思维，即"0和1"的思维、"程序"的思维和"递归"的思维。

1. "0和1"的思维

计算机本质上是以"0"和"1"为基础来运作的。现实世界中的声音、图像、视频等各种数值型和非数值型的信息都可以用"0"和"1"在计算机中表示并存储。计算机对这些信息进行运算、处理和传输等操作后，再将"0"和"1"转换为满足人们所接收的视、听、触等各种感觉信息输出。

由于各种信息是由"0"和"1"来表示的，所以计算机内的各种运算也转换成"0"和"1"所组成的逻辑运算。计算机针对"0"和"1"所组成的逻辑运算，均可以由逻辑电路实现，从而通过硬件实现各种复杂运算。这种由软件到硬件的纽带就是"0"和"1"。

"0和1"的思维体现了语义符号化、"0和1"计算化、计算自动化、分层构造化和构造集成化的思维，是最重要的一种计算思维。

2. "程序"的思维

一个复杂的系统是由若干个容易实现的基本动作所组合构成。因此，实现一个系统仅需实现一个控制这些基本动作的组合与执行次序的机构。对基本动作的控制机构就是指令，而指令的各种组合及其执行次序就是程序。控制系统可以按照"程序"完成"基本动作"，从而实现其复杂的功能。

计算机或计算系统就是能够执行各种程序的控制系统。指令与程序就是一种重要的计算思维。

"程序"的思维在日常生活中是非常普遍的。比如，我们要完成一件重要的事情，通常会去制定具体的计划和实施步骤以及先后次序，这里使用的就是"程序"的思维。再如，在做一道菜的时候，我们会准备菜谱，菜谱里会列出需要准备什么食材，火候以及食材入锅的先后次序等，这也属于"程序"的思维。

3."递归"的思维

递归是可以用有限的步骤描述实现近于无限功能的方法，通过用自身调用自身、高阶调用低阶的算法构造程序，从而实现问题求解的一种重要的计算思维。

下面通过计算 n 的阶乘来了解"递归"的思维。

n 的阶乘的计算通式为 $n! = \begin{cases} 1 & (n=1) \\ n(n-1)! & (n>1) \end{cases}$，使用 Python 语言实现 n 的阶乘的递归算法，其自定义函数代码如下：

```
def fact(n):
    if n == 1:
        return 1
    else:
        return n * fact(n-1)
```

fact( )函数在其定义内部调用了自身，形成了递归过程。递归采用"调用—返回"的计算模式，即 n 的阶乘的计算要调用 $(n-1)$ 的阶乘的计算，$(n-1)$ 的阶乘的计算要调用 $(n-2)$ 的阶乘的计算，……，直到调用 1 的阶乘的计算才能得到确定的值，然后将这个确定的值返回去，计算 2 的阶乘，3 的阶乘，……，直至求出 n 的阶乘的值。下面以求 6 的阶乘为例说明。

当 $n=6$ 时，fact( )函数的调用和返回过程如图 2 - 1 所示。

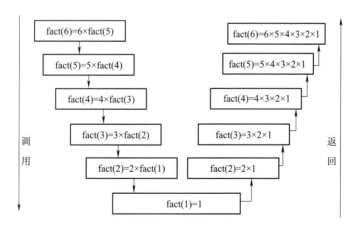

图 2 - 1　6! 的递归算法实现图

从上述计算 n 的阶乘的例子可以看出，递归包含递推和回归两个操作，但是要注意递归包含了递推，而递推包含不了递归。递推是按照一定的规律来计算序列中的每个项，通常是从前往后计算，通过计算前面的一些项来得出序列中指定项的值。其思想是把一个复杂、庞大的计算过程转换为简单过程的多次重复。

▌ 2.2 计算机中的问题求解

我国汉代有一位大将，名叫韩信。他每次集合部队，都要求部下报三次数，第一次按 1～3 报数，第二次按 1～5 报数，第三次按 1～7 报数，每次报数后都要求最后一个人报告他报的数是多少。这样韩信就知道一共到了多少人。这种巧妙算法被称为"鬼谷算""隔墙算""秦王暗点兵"等。那如果三次的最后报数结果分别是：2、3、2，部队应该是多少人？

有很多算法可以去解答：

算法一：

从 1 开始，取出一个自然数判断它被 3、5、7 整除后的余数是否为 2、3、2，如果是，则这个数即是所求的数，求解结束。否则，用下一个数再次判断，直到找到这个数为止。

算法二：

先列出除以 3 余 2 的数：

2，5，8，11，14，17，20，23，26，…

再列出除以 5 余 3 的数：

3，8，13，18，23，28，…

再列出除以 7 余 2 的数：

2，9，16，23，30，…

从中可以找到共同的数是 23。

【思考】还有其他算法吗？

可以先找出 3 和 7 的公倍数多 2 的数：

23，44，65，86，107，128，…

再从这些数中找出除以 5 余 3 的数。

从这个例子可以看到，计算机中问题求解的方法就是算法。不同的算法使用不同的思考方式来实现。

人在解决问题的思考过程为：观察问题→分析问题→判断、推理→解决问题。而计算机在解决问题的过程中，一般经过以下几个步骤：分析问题→设计算法→编写程序→调试运行，即要把分析问题得到的步骤和方法描述为算法，然后再通过计算机语言编写成计算机可以执行的程序，从而得到问题的求解。因此，设计算法是很重要的步骤，不同的算法在设计时所需的步骤也是不一样的。

本节将主要介绍算法的概念与特征、流程图的绘制以及结构化程序设计的三种基本结构。

2.2.1 算法的概念与特征

算法（Algorithm）是对一个特定问题的求解方法和步骤的描述，在计算机中表现为指令的有限序列，并且每条指令表示一个或多个操作。解决同一个问题，可以有不同的解题方法和步骤，也就是可以有不同的算法。算法设计是整个程序设计的核心。一个算法的优劣可以用空间复杂度和时间复杂度来衡量。

一个算法应该具有以下特征：

①有穷性：算法必须能在执行有限的计算步骤之后终止；

②确切性：算法的每个步骤都必须有确切的定义；

③输入项：一个算法一般要求有 0 个或多个输入信息，这些信息是算法所需的初始数据；

④输出项：一个算法应该有一个或多个输出信息，这些信息一般是对输入信息处理的结果。没有输出的算法是毫无意义的；

⑤可行性：算法中执行的每个计算步骤，都是可以在有限的时间内完成的。

2.2.2　绘制流程图

程序员们通常通过绘制程序流程图来表达算法的思路。

程序流程图又称程序框图，是一种用程序框、流程线及文字说明来表示算法的图形。程序流程图的设计是基于对数据处理和运行过程的详细分析，使用各种图形符号将计算机的主要运行步骤和内容连接并标识出来。程序流程图是进行程序设计的最基本依据，它的质量直接关系到程序设计的质量。

为便于识别，绘制流程图的习惯做法如表 2 - 1 所示。

表 2 - 1　绘制流程图符号功能说明

图形符号	名　称	表示功能
⬭	圆角矩形（起止框）	表示一个算法的"开始"与"结束"
▭	矩形（执行框）	表示行动方案、普通工作环节，通常用于算法中的赋值与计算
◇	菱形（判断框）	表示问题判断或判定环节，在算法中用于判断某一条件是否成立，成立在出口处标明"是"或"Y"，不成立则在出口处标明"否"或"N"
▱	平行四边形（输入输出框）	表示一个算法中输入或输出的信息
↓	箭头（流程线）	代表工作流方向，用于连接图形符号

本书绘制流程图所使用的软件是 Visio 软件。打开 Visio 软件后，选择流程图类别中的基本流程图，在窗口左侧就会出现各种形状，然后按照需要来添加即可。关于 Visio 软件的使用方法，这里不展开讲述。

2.2.3　程序设计的三种基本结构

结构化程序设计的三种基本结构分别是顺序结构、分支结构和循环结构。下面通过这三种基本结构的讲解以及相关案例来学习算法的设计，并绘制流程图。

1. 顺序结构

顺序结构表现为"按部就班"，即任何事情都遵循着先做什么，再做什么的思想进行，不会中断或者跳转。这样的结构在日常生活中很常见。

比如，在上海如何乘坐地铁 1 号线从徐家汇到达人民广场？

上海地铁 1 号线所经过站点的顺序依次为：徐家汇→衡山路→常熟路→陕西南路→黄陂南路→人民广场（见图 2-2）。地铁运行的站点顺序是不能改变的。

顺序结构的流程表现为程序中的各个步骤按照它们出现的先后顺序执行，如图 2-3 所示。如果程序有 10 条基本命令，它会按照顺序依次执行这 10 条语句，然后退出。这种结构在英语环境中被称为 and-then 结构。这是任何一个算法都离不开的基本结构。

图 2-2　上海地铁 1 号线徐家汇到人民广场路线

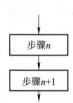

图 2-3　顺序结构流程图

📝 **案例** 2-1　绘制流程图：某单位员工李明参加体检，获取体质指数 BMI 指数的过程（BMI = 体重 ÷ 身高^2）。

案例分析：

①获得体重数据 W（kg）；

②获得身高数据 H（m）；

③利用公式：体质指数(BMI) = 体重 W(kg) ÷ 身高 H^2(m)计算 BMI 指数。

流程图如图 2-4 所示。

2. 分支结构

在实际生活中，前往目的地的方式可以有多种，除了乘坐地铁以外，还可以搭乘公共汽车或出租车。如果需要对行程增加一些约束条件，比如希望用时最短，就可以选择乘坐出租车前往。

再如，李明已经通过体检得到了自己的 BMI 指数，想进一步了解自己的体质情况，就可以将他的 BMI 值与成人的 BMI 值衡量标准做一个对比（过轻：低于 18.5，正常：18.5 ~ 23.9，过重：大于 24），进而做出体质情况的判断。BMI 指数值的不同会导致不同的结果流向（过轻、正常、过重）。如果李明的 BMI 指数为 25.8，则通过对比判断可以得出他体重过重的结果。

图 2-4　案例 2-1 流程图

上述情况体现了当情况（条件）不同时，事物会有不同的分支走向。程序设计人员可以使用分支结构来处理此类问题。

　　分支结构表示程序的处理步骤出现了分支，它需要根据某一特定的条件选择其中的一个分支执行，即算法的流程根据条件是否成立有不同的流向。处理这种过程的结构就是分支结构，也称条件结构或选择结构。

　　分支结构又分为单分支结构、双分支结构和多分支结构三种形式。

　　单分支结构（见图 2 – 5）仅在表达式的判定结果为"真"时执行步骤 A。

　　双分支结构（见图 2 – 6）当表达式的判定结果为"真"时执行步骤 A，否则执行步骤 B。

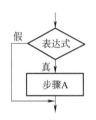

图 2 – 5　单分支结构流程图

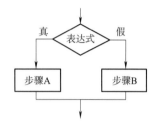

图 2 – 6　双分支结构流程图

　　但当问题变得复杂起来时，简单的分支结构已经不能满足需求了，这时需要借助多分支（嵌套）结构来解决多条件判定的复杂问题，如图 2 – 7 所示。

　　案例 2 – 2　单分支结构：输入一个整数 X，计算它的绝对值。

案例分析：

　　输入一个整数 X，通过单分支结构判断 X 的符号：若 X 为负数，将其值乘以 – 1。

　　流程图如图 2 – 8 所示。

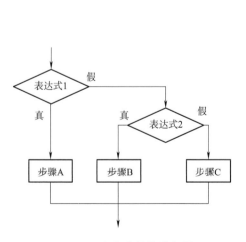

图 2 – 7　多分支结构流程图

图 2 – 8　案例 2 – 2 流程图

案例2-3 双分支结构：输入两个数 X、Y，要求按从大到小排列输出。

案例分析：

输入两个数 X 和 Y，通过双分支结构判断所输入的 X 和 Y 的大小：若 X > Y，输出 X、Y；否则，输出 Y，X。

流程图如图2-9所示。

案例2-4 多分支结构：根据李明的 BMI 指数，判断是否"过轻""正常"还是"过重"？已知成人的 BMI 指数衡量标准如下。

过轻：低于18.5；

正常：18.5～23.9；

过重：大于23.9。

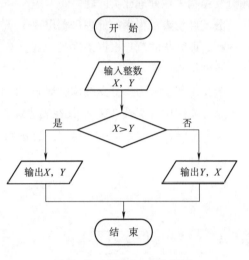

图2-9 案例2-3流程图

案例分析：

①输入 BMI 指数；

②判断是否过轻：如果是，输出结果"过轻"；否则，进行第3步；

③判断是否正常：如果是，输出结果"正常"；否则，输出结果"过重"。

流程图如图2-10所示：

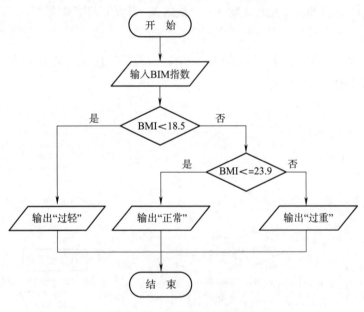

图2-10 案例2-4流程图

3. 循环结构

循环结构由循环条件和循环体组成，是指在程序中需要反复执行某个功能的程序结构。它由循环条件来判断是继续执行循环体里的功能还是退出当前循环。

如果在测量 BMI 指数时，李明全家 5 人都需要参与检测，体检单位的工作人员会怎么做呢？

第一步：核对身份。判断被检者是否是李明的家庭成员，如果是，就对其进行体检。

第二步：对家庭成员逐一进行体重检测。称体重，量身高，计算 BMI 指数，根据 BMI 指数标准对比判断体重是过轻、正常还是过重，并告之结果。

第三步：直到最后一个家庭成员检测完成，方可终止体重检测。

经过分析可以发现，这一测量过程的循环条件是"检测对象是否是李明家庭成员"，循环体是第二步中反复执行 5 遍的检测过程，即称体重、量身高、计算 BMI 指数、判断指标情况并告之结果。循环终止条件为"5 位家庭成员都检测完成"。

循环结构的基本形式有两种：当型循环和直到型循环。

当型循环（见图 2－11）先判断循环条件，当满足给定的循环条件时执行循环体，并且在循环终端处流程自动返回到循环入口。如果循环条件不满足，则直接到达流程出口处。因为是"当条件满足时执行循环"，即先判断后执行，所以称为当型循环。

直到型循环（见图 2－12）表示从结构入口处直接执行循环体，在循环终端处判断循环条件，如果循环条件满足，返回入口处继续执行循环体，直到循环条件为假时再退出循环到达流程出口处。因为是先执行后判断，所以称为直到型循环。

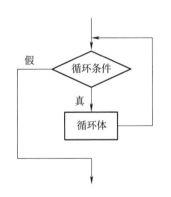

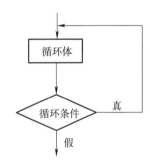

图 2－11　当型循环结构流程图　　　　图 2－12　直到型循环结构流程图

当型循环先判断后执行，存在不执行循环体就退出循环的情况。而直到型循环先执行后判断，循环体至少会被执行一次。

 案例 2－5　绘制流程图：计算并输出 $1+2+3+\cdots+n$ 的和 sum。

案例分析：

①输入 n；

②利用循环结构，累积求和计算 sum。

流程图如图 2－13 所示。

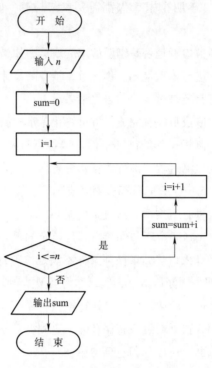

图 2-13　案例 2-5 流程图

2.3　常用的经典算法

学习经典算法很重要，所谓经典，其价值在于不局限于解决某一个问题。学习经典算法思想有助于提高分析和解决问题的能力。本节主要介绍四种经典算法：枚举法、递推法、分治法和递归法。

2.3.1　枚举法

枚举法又称穷举法、列举法，就是按照问题本身的性质，一一列举出该问题所有可能的解，在列举过程中既不要遗漏也不要重复，然后根据问题的部分已知条件对所有可能的解进行逐个检验，从中挑选出符合条件的解，舍弃不符合条件的解。

枚举法的优点是算法简单，逻辑清晰，易于理解，程序易于实现；而缺点是运算量较大，效率不高。例如，用普通的 PC 去破译一个 8 位且可能由大小写字母、数字和特殊字符组成的密码，就需要使用枚举法，将所有可能的密码逐个尝试，直到找出真正的密码为止，当然这可能需要花费几个月甚至更长的时间。

下面使用枚举法来解决一个数学问题，找出 1～100 中所有能被 7 整除的自然数。

算法分析：

①用变量 i 表示要列举的自然数，从 1 开始到 100 结束；

②使用循环结构——列举，列举 1～100 的所有自然数，循环结束条件为 i＞100；

③在循环体中使用分支结构逐个检验 i，检验条件为 i 能否被 7 整除，如果能被 7 整除则输出该自然数 i，如果不能被 7 整除则使 i 加 1 成为下一个自然数；

④通过一一列举，逐个检验结束后，输出 1～100 能被 7 整除的所有自然数。

流程图如图 2 - 14 所示。

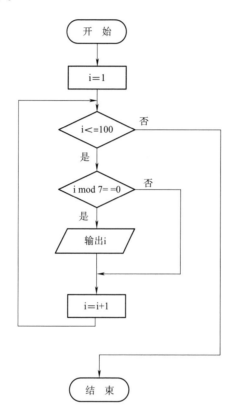

图 2 - 14　枚举法实例流程图

2.3.2　递推法

递推是指从已知的初始条件出发，依据某种特定关系，按照一定的规律来推出所要计算的中间结果和最终结果。递推法是利用问题本身所具有的递推关系来求解问题的一种方法，常用于通过计算前面的一些项的值来得出序列中后续项的值。

例如，使用递推算法求解兔子繁衍问题。假设一对兔子从第 3 个月起每个月都生一对兔子，每对小兔子长到第三个月后每个月又生一对兔子，假如兔子都不死，问每个月的兔子总数为多少对？

算法分析：

①假设一开始第一个月有 1 对兔子，到了第二个月这对兔子性成熟，到了第三个月这对兔子生出了一对兔子；

②1 到 6 月的兔子总对数分别为：1，1，2，3，5，8…

兔子的繁衍问题如图 2 - 15 所示。

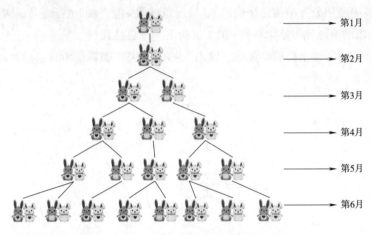

图2-15 兔子的繁衍问题

由分析可知，兔子的繁衍情况符合斐波那契数列（Fibonacci Sequence）的变化规律，即从第3项开始，每一项都等于前两项之和。

斐波那契数列通式：$F(1)=1$，$F(2)=1$，$F(n)=F(n-1)+F(n-2)(n\geqslant3)$。求解斐波那契数列第 n 项的流程图如图2-16所示。

2.3.3 分治法

分治法，即"分而治之"，是处理复杂问题的一个最基本、最常用的方法之一。分治法的基本思想是将一个规模较大的问题分解为多个规模较小的同类子问题，再将这些子问题分解为规模更小的同类子问题，直到最后子问题可以直接求解，再将各个子问题的解合并，即为原始问题的解。

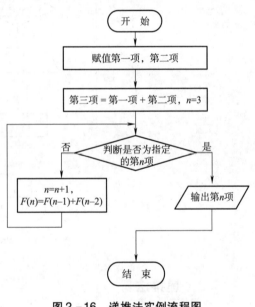

图2-16 递推法实例流程图

使用分治法解决问题的一般步骤：

①分解，将要解决的问题划分成若干规模较小的同类子问题；

②求解，当子问题划分得足够小时，用较简单的方法解决；

③合并，将各个子问题的解逐层合并构成原问题的解。

分治法的思想对人们的生活和工作具有重大的指导意义。在日常生活中会有许多繁难复杂的问题，采取分而治之的方法将其化繁为简，化难为易，化未知为已知，就可以将问题解决。分治法所能解决的问题一般具有以下几个特征：

①该问题的规模缩小到一定程度就可以容易解决；

②该问题可以分解为若干个规模较小的问题，即该问题具有最优子结构性质；

③利用该问题分解出的子问题的解可以合并为该总问题的解；

④该问题所分解出的各个子问题是相互独立的，即子问题之间不包含公共的子问题。

下面以排序中的归并排序算法为例说明。

假设有 8 个数进行排序。

使用分治法就需要把它分解，首先分解为 2 个 4 个数的排序问题，然后再进一步分解，分解为 2 个数的排序问题，接着再进一步分解，分解为 1 个数的排序问题，那么此时问题就可以直接求解了。

接下来进行合并。将相邻 2 个有序数列合并成 1 个新的有序数列。合并的方法就是取 2 个相邻序列中排在前面的最小数放在合并后的序列的最前面，然后再去放剩余的数，如图 2 - 17 所示。

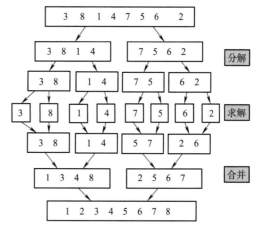

图 2 - 17　归并排序示意图

2.3.4　递归法

递归算法是通过函数（或过程）直接或间接调用自身，把复杂问题转换为规模缩小了的同类子问题。特别重要的是，这个解决问题的函数必须有明确的结束条件，否则就会导致无限递归的情况。

下面使用递归法来解决汉诺塔问题。

汉诺塔又称河内塔。汉诺塔问题是源于印度一个古老传说的益智玩具。大梵天创造世界的时候做了三根金刚石柱子，在一根柱子上从下往上按照大小顺序摞着 64 片黄金圆盘。大梵天命令婆罗门把圆盘从下面开始按大小顺序重新摆放在另一根柱子上。并且规定，在小圆盘上不能放大圆盘，在三根柱子之间一次只能移动一个圆盘。

如图 2 - 18 所示，汉诺塔的三根柱子，A柱、B柱和C柱，规则如下：

①把 A 柱上大小不等的圆盘借助 B 柱移动到 C 柱；

②每次只能移动一个圆盘；

③大圆盘不可在小圆盘上方。

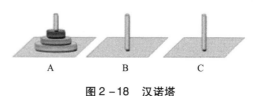

图 2 - 18　汉诺塔

算法分析：

首先可以将问题简化，假设 A 柱上只有 2 个盘子，即 $n=2$，这是一个典型的实例。假设最上面的盘子为 1 号盘子，下面的盘子为 2 号盘子，则将这两个盘子从 A 柱移动到 C 柱的过程可以分解为以下三步。

第 1 步：将 1 号盘子从 A 柱移动到 B 柱；

第 2 步：将 2 号盘子从 A 柱移动到 C 柱；

第 3 步：将 1 号盘子从 B 柱移动到 C 柱。

根据这个思路，如图 2 - 19 所示，对于 A 柱上有 n 个盘子的时候，可以将上面 $n-1$ 个盘子看成一个整体，因此，将 n 个盘子从 A 柱移动到 C 柱的过程可以分解为以下三步。

第 1 步：将 A 柱上 $n-1$ 个盘子借助 C 柱移动到 B 柱；

第 2 步：将 A 柱上剩下的最大的一个盘子移动到 C 柱；

第 3 步：将 B 柱上 $n-1$ 个盘子借助 A 柱移动到 C 柱。

汉诺塔问题的流程图，如图 2-20 所示。

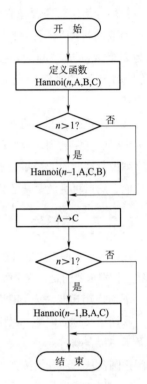

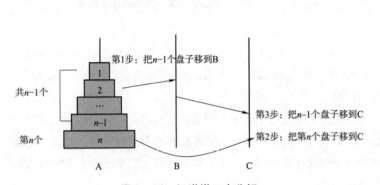

图 2-19　汉诺塔三步分解　　　　　　图 2-20　递归法实例流程图

综上所述，就是常用的 4 种经典算法。在第 3 章可视化编程方法中，将用软件 RAPTOR 设计算法的流程图，同时，在第 4 章中，会用 Python 语言编写相应的程序。

小　结

本章主要介绍了计算思维的概念与特征、计算机中的问题求解方法以及常用的经典算法。

计算思维是运用计算机科学的基础概念进行问题求解、系统设计以及人类行为理解等涵盖计算机科学之广度的一系列思维活动，由美国卡内基·梅隆大学计算机科学系主任周以真教授于 2006 年 3 月首次提出。

计算技术与计算机系统的不断成长与发展，其核心是"0 和 1"思维、程序思维和递归思维 3 种最基本的计算思维。

计算机中问题求解的方法就是算法。计算机在解决问题的过程中设计算法是很重要的步骤。程序员们通常通过绘制程序流程图来表达算法的思路。结构化程序设计的 3 种基本结构分别是顺序结构、分支结构和循环结构。

常用的经典算法有枚举法、递推法、分治法和递归法。

习　题

【练习 2-1】某公司研发出一款智能标尺，在测量得到圆半径 r 后，可在标尺中间显示屏上直接显示出该圆的周长 C 和圆的面积 S。请尝试设计一个算法实现以上智能标尺的功能，并画出该算法的流程图。

【练习 2-2】某款智能家居通过物联网技术将家中的各种设备（如音视频设备、照明系统、窗帘控制、空调控制、安防系统等）连接到一起，提供家电控制、照明控制、电话远程控制、防盗报警、环境检测等多种功能。其功能之一可通过语音识别功能回答客户当日的华氏温度与摄氏温度。请尝试设计一个算法实现以上华氏温度 F 与摄氏温度 C 的转换。换算公式为：$C = (F - 32)/1.8$。

【练习 2-3】绘制流程图，根据学生考试成绩评定优良中差等级：

成绩大于或等于 90 分为优；

75 分到 89 分为良；

60 分到 74 分为中；

小于 60 分为差。

【练习 2-4】设计一个猜数字小游戏的算法，画出该算法流程图。

要求 1：必须在 10 次之内（含 10 次）猜对才算胜利；

要求 2：每次猜的时候给出提示，如果所输入的数字比被猜的数字大，则输出"失败，你输入的数字大了！"，如果所输入的数字比被猜的数字小，则输出"失败，你输入的数字小了！"，如果超出 10 次则显示你失败了并给出正确的数值。

【练习 2-5】某大学生用分期付款的方式购买价格为 3 000 元的手机，如果购买时首付为 1 500 元，以后每个月月供本金 50 元，并加付欠款利息，从第 2 个月开始分期付款，月利息为 1%，那么贷款全部付清后，实际共付金额多少元？试设计一个购买的算法，画出该算法的流程图。

【练习 2-6】输入三个数 x、y 和 z，设计一个算法，从大到小输出，画出该算法流程图。

【练习 2-7】某水族馆门票采用自助购票方式，游客购票前需先站在身高测量仪器上测量身高，自助购票系统会根据身高数据显示门票价格，游客可使用微信、支付宝或者现金方式支付购买门票。门票规定，儿童身高小于 1.2 m，免票；大于或等于 1.2 m 且小于 1.5 m，半票；成人全票。要求设计一个购买门票的算法，并画出该算法流程图。

第3章
可视化编程方法

引言

  程序设计人员培养计算思维，首先要培养分析问题和解决问题的思维能力。在使用编程思维解决实际问题时，需要理清思路，确定已知条件是什么，要求解的问题是什么。对于复杂问题，应将问题大化小，复杂化简单，逐步将问题分解成可理解的小问题。问题里涉及的数据可以抽象到数据结构（变量、数组、链表等），数据处理过程中可重复执行部分可以抽象成模块。最后，使用流程图设计步骤，写出算法，从而解决问题。本章将学习可视化编程环境 RAPTOR 的使用，通过连接基本流程图符号来创建算法，并进行直接调试和运行，以解决相关问题。

内容结构图

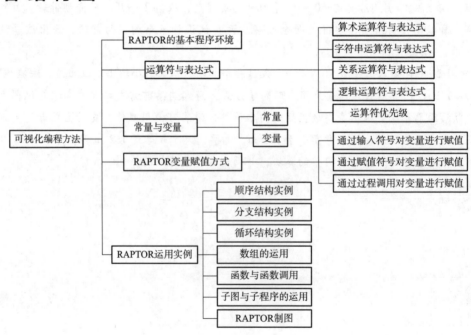

学习目标

通过对本章内容的学习，应该能够做到：

1. 熟悉：可视化编程软件 RAPTOR 的使用；

2. 理解：RAPTOR 中的各种运算符与表达式、常量与变量以及变量的三种赋值方式、数组的运用、函数和函数调用、子图与子程序的运用；

3. 应用：能够熟练使用 RAPTOR 设计算法流程图解决问题和使用 RAPTOR 制图。

3.1　RAPTOR 的基本程序环境

RAPTOR（the Rapid Algorithmic Prototyping Tool for Ordered Reasoning）是用于有序推理的快速算法原型工具，是一种可视化的程序设计环境，为程序和算法设计的基础课程教学提供实验环境。RAPTOR 允许用户用连接基本流程图符号来创建算法，然后可以在其环境下直接调试和运行算法，包括单步执行或连续执行的模式。该环境可以直观地显示当前执行符号所在的位置，以及所有变量的值。使用 RAPTOR 设计的程序和算法可以直接转换成为 C++、C#、Java 等高级程序语言，为程序和算法的初学者铺就了一道平缓、自然的学习阶梯。

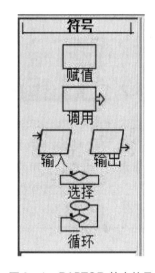

图 3 - 1　RAPTOR 基本符号

RAPTOR 有 6 种基本符号，分别为赋值（Assignment）、调用（Call）、输入（Input）、输出（Output）、选择（Selection）和循环（Loop）。每个符号代表一个独特的指令类型，基本符号如图 3 - 1 所示。

一个典型的计算机程序有 3 个基本组成部分：输入（Input）、处理（Process）、输出（Output）。这 3 个部分与 RAPTOR 符号对照关系如表 3 - 1 所示。其中处理部分即是算法部分，不管多么复杂的算法，结构化程序设计最终都会分解为 3 种基本控制结构：顺序结构、分支结构和循环结构。

表 3 - 1　RAPTOR 基本指令说明

程序的基本组成部分	符　　号	名　　称
输入	→ ▱	输入语句
处理	▭	赋值语句
	⬛⇒	过程调用
输出	▱→	输出语句

对于顺序结构，分析语句的执行顺序是关键。例如求圆面积程序，需要通过半径才能求出未知的圆面积。故输入圆半径（或者为圆半径赋值）在前，通过圆面积公式计算圆面积在后，前后顺序不可以颠倒。

对于分支结构，应明确在什么条件下，程序指令转向哪里，需要注意区分选择条件与循环条件。

对于循环结构，应分析什么情况下执行循环，哪些操作需要循环执行，需要注意对于控制循环次数的循环计数变量要初始化，循环体中要有修改该循环计数变量的语句来终止循环。

▌3.2　运算符与表达式

在程序的语句中会出现运算表达式。表达式是由函数、变量、常量和各种运算符组成。例如，$sqrt(x^2 + y^2)/2 * x \bmod 5 = 0$，这是一个关系表达式，其中 $sqrt(x)$ 是求平方根的函数，x^2 是求 x 的 2 次方，另外，$+$、$-$、$*$、$/$、$=$、mod 等都是运算符。

运算符大致可以分为：算术运算符、字符串运算符、关系运算符和逻辑运算符。

3.2.1　算术运算符与表达式

在 RAPTOR 中算术运算符与数学中的运算符一样，有优先级。常用的算术运算符有 $+$（加）、$-$（减）、$*$（乘）、$/$（除）、%（取余）、$^$（乘方）等。

算术表达式是最常用的表达式，又称为数值表达式。它是通过算术运算符来进行运算的数学式子。常用的算术运算符及其功能按优先级从高到底依次排列，如表 3 - 2 所示。

表 3 - 2　算术运算符列表

运算符	功　能	表　达　式	优　先　级
* * 或 ^	乘方	$3^2 = 9$	高
-	取负值（单目运算符）	$- x$	
*	乘法	$3 * 3 = 9$	
/	除法	$3/3 = 1$	
mod	取模	$- 10 \bmod 3 = 2$	
rem	取余	$- 10 \text{ rem } 3 = - 1$	
+	加法	$3 + 3 = 6$	
-	减法	$3 - 1 = 2$	低

🔔 **注意**:

①取模与取余运算都是取两数相除的余数。但取模时，商向负无穷大取整；取余时，商向 0 取整。

②取模与取余运算时，当两数同号两种运算的结果相同。但当两数异号时，mod 的运算结果与除数的符号相同，而 rem 的运算结果与被除数的符号相同。

例如：

$- 10 \bmod 3$，结果为 2；

-10 rem 3，结果为 -1；

10 mod -3，结果为 -2；

10 rem 3，结果为 1。

3.2.2 字符串运算符与表达式

字符串运算符 " + " 又称为连接运算符，用于将两个字符串连接成一个字符串。

例如："Hello" + " " + "Raptor"，结果为 Hello Raptor；

"123" + "789"，结果为 123789。

字符串也可以与数值型变量或常量连接。

例如：

假设变量 x 中的值是 18，且有常量 2019 和 10，那么表达式："Today is" + 2019 + "/" + 10 + "/" + x 的结果为 Today is 2019/10/18。

3.2.3 关系运算符与表达式

关系运算符有 6 种，分别为 <（小于）、<=（小于或等于）、>（大于）、>=（大于或等于）、== 或 =（等于）、! =（不等于）。关系运算符优先级相同，主要用于比较两个数字、日期或字符串，并返回布尔值 True（真）或 False（假）。关系运算符列表如表 3 - 3 所示。

表 3 - 3 　关系运算符列表

运 算 符	名　　称	表 达 式	返 回 值
<	小于	a < b	a 小于 b 时返回真；否则返回假
<=	小于或等于	a <= b	a 小于等于 b 时返回真；否则返回假
>	大于	a > b	a 大于 b 时返回真；否则返回假
>=	大于或等于	a >= b	a 大于等于 b 时返回真；否则返回假
== 或 =	等于	a == b 或 a = b	a 等于 b 时返回真；否则返回假
! =	不等于	a! = b	a 不等于 b 时返回真；否则返回假

3.2.4 逻辑运算符与表达式

常用的逻辑运算符有 Not（逻辑非）、And（逻辑与）、Or（逻辑或）等。用逻辑运算符将关系表达式或逻辑量连接起来的有意义的式子称为逻辑表达式，其两侧必须是关系表达式或者布尔值。逻辑表达式的返回值为布尔值：True（真）或 False（假）。逻辑运算符的优先级如表 3 - 4 所示。

Not（逻辑非）：对操作数取反。Not(True) = False；Not(False) = True。

例如：Not(7 > 3)，结果为 False。

And(逻辑与)：两边的操作数都是 True 时结果才为 True，否则为 False。

True And True = True；True And False = False；False And True = False；False And False = False。

例如：(7 >= 3) And(6 > 2)，结果为 True。

　　　　Not(2 > 6) And(2 > 6)，结果为 False。

Or（逻辑或）：两边的操作数都是 False 时结果才为 False，否则为 True。

True Or True = True；True Or False = True；False Or True = True；False Or False = False。

例如：(7>3)Or(2>6)，结果为 True。

表3-4　常用运算符的优先级

算术运算符		关系运算符		逻辑运算符	
高 ↓ 低	乘方（^） 取负（-） 乘法、除法（*、/） 求余运算（mod、rem） 加法、减法（+、-）	相同	相等（=） 不相等（!=） 小于（<） 大于（>） 小于或等于（<=） 大于或等于（>=）	高 ↓ 低	非（Not） 与（And） 或（Or）

高←————————————————————————————————→低

3.2.5　运算符优先级

在一个表达式中可能由多个不同的运算符连接起来，不同的运算顺序也可能得出不同的结果甚至出现错误。为了保证运算的合理性和结果的正确、唯一性，运算符有非常严格的优先级设置。例如：2+3*5，此表达式中包含运算符"+""*"，根据运算符的优先级，先做乘法再做加法，因此结果为 17。

RAPTOR 在计算表达式时，首先计算所有的函数，然后按运算符的优先级顺序执行。同一优先级的运算符，按结合顺序计算。大多数运算是从左至右执行，如有括号则优先计算。常用的运算符优先顺序如表3-4所示。

▌3.3　常量与变量

3.3.1　常量

常量（Constant）的广义含义是"不变的量"，是在计算机程序运行时不会被程序修改的量。大多数的高级语言有两种形式的常量：直接常量和符号常量。

1. 直接常量

直接常量分为数值常量、字符常量和字符串常量。

（1）数值常量

数值常量一般分为整型常量和实型常量。例如：25、0、-10 为整型常量，-7.89、99.05 为实型常量。

（2）字符常量

字符常量是用单引号括起来的一个任意符号，例如：'a'、'9' 等。

（3）字符串常量

字符串常量是用双引号括起来的一串字符，例如："abc"、"123" 等。如果一个字符串不包括任何符号，则称该字符串为空串，即""。只包括空格的字符串"　"是一个空格字符串，空格字符串不是空字符串。

2. 符号常量

在进行程序设计时常常要重复使用某一常量，如圆周率，如果在需用圆周率的地方都写一次3.1415926，这样就过于累赘，且容易出错。如果能用一个符号来代替这样的常量，就可以大大地提高代码的可读性和可维护性。这种用代替直接常量的符号所表示的常量就是符号常量。

RAPTOR 目前没有为用户提供定义常量的功能，而只在系统内部定义了若干符号来表示常用的数值型常量。例如：

①pi：圆周率，定义为 3.1416（默认精度为 4 位小数）；

②e：自然对数的底数，定义为 2.7183（默认精度为 4 位小数）；

③true/yes：布尔值真，定义为 1；

④false/no：布尔值假，定义为 0。

案例 3 - 1　一个简单的常量使用案例。编程实现图 3-2 所示的流程图，并运行程序，运行结果如图 3-3 所示。

> **注意：**
> RAPTOR 无法识别汉字。

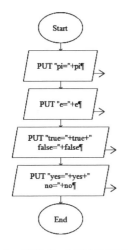

图 3 - 2　案例 3 - 1RAPTOR 流程图

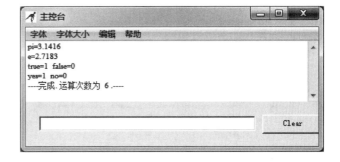

图 3 - 3　案例 3 - 1 的结果输出

操作步骤：

（1）打开 RAPTOR 程序，出现如图 3 - 4、图 3 - 5 所示的 RAPTOR 可视化图形窗口和主控台，分别用于显示 RAPTOR 流程图和运行结果。

（2）单击"文件"菜单中"保存"选项或 RAPTOR 可视化图形窗口上方的 🔲 "保存"按钮，保存 RAPTOR 文件为"案例 3 - 1. rap"。

（3）按住鼠标左键将"输出"符号拖动至初始图样"Start"和"End"符号之间（或者先选择"输出"符号，然后在初始图样"Start"和"End"符号之间单击），以添加"输出"符号。如图 3 - 6 所示，选中"输出"符号（红色显示），双击"输出"符号，或右击，在弹出的快捷菜单中，单击"编辑"选项，随后弹出"输出"设置对话框。

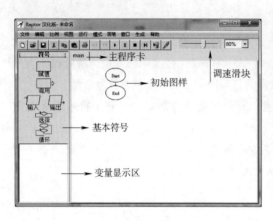

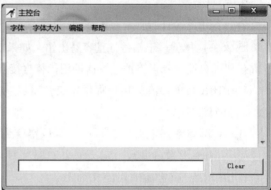

图3-4　RAPTOR 可视化图形窗口　　　　图3-5　RAPTOR 主控台

（4）如图3-7所示，设置输出内容为："pi = " + pi，其中"pi = "为字符串，" + "为连接运算符，pi 为字符常量。勾选"End current line"复选框表示以换行符结束，输出内容以单独一行的形式输出。单击"完成"按钮完成输出设置。

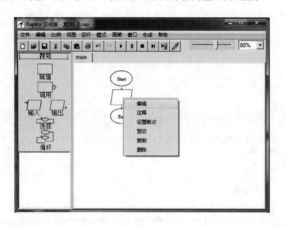

图3-6　添加"输出"符号　　　　图3-7　"输出"设置对话框

（5）按照步骤（4），再依次添加3个"输出"符号，分别设置输出内容为："e = " + e，"true = " + true + "false = " + false，"yes = " + yes + "no = " + no。

（6）RAPTOR 程序设计完成以后，如图3-8所示，单击 RAPTOR 可视化图形窗口上方的 ▶ "运行"按钮，RAPTOR 在执行时，可在主窗口看见当前运行步骤的位置。也可以单击 ▶ "单步运行"按钮进行单步执行操作。窗口上方的控制条 ———— 可调节程序运行的速度（左侧为低速，右侧为高速），用户也可以通过调节百分比 80% ▾ 来调整主窗口显示的大小。

（7）程序按照流程顺序逐步执行。如图3-8所示，程序执行完成后，运行结果与运算次数在主控台显示，可单击"clear"按钮清除数据。

（8）单击"保存"按钮并退出完成本题操作。

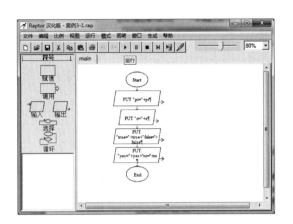

图 3-8 运行 RAPTOR 程序

3.3.2 变量

变量（Variable）表示的是计算机内存中的位置，用于保存数据值。在任何时候，一个变量只能容纳一个值。然而，在程序执行过程中，变量的值可以被改变，因此称之为"变量"。

变量中的数据特点是取之不尽，赋值更新。

例如：

X←5，X 中的数值就变成 5；

Y←X，将 X 中的 5 赋给 Y，Y = 5，但 X 中还是 5；

X←X + Y，将 X 和 Y 中的两个 5 相加赋给 X，X = 10。

1. 变量的命名规则

程序中所用到每一个变量都有相应的名称。程序员应给所有的变量赋予描述性的有意义的名称，就好像每个人都有自己的名字一样，否则就难以区分了。

标识符（Identifier）是指用来标识某个实体的一个符号，在不同的应用环境下有不同的含义。在计算机编程语言中，标识符是用户编程时使用的名字，除了变量名，还有常量名、数组名、子程序名、子图名，这些都统称为标识符。

在 RAPTOR 中，标识符的命名必须遵循一定的规则，即以字母开头，由字母、数字和下画线"_"组成。

> **注意：**
> ①系统保留字不能作为用户标识符。如在 RAPTOR 中表示圆周率的 pi、最大值函数 max 等都不可以作为用户标识符给变量命名。
> ②标识符不区分大小写。如在 RAPTOR 中，NameList 和 namelist 是相同的。
> ③变量名应该用有意义的、便于记忆的标识符命名，如 tax_rate 表示税率，BabyHeight 表示婴儿身高等，避免使用 a、b、c 这样比较简单的变量名。
> ④使用变量必须遵循"先声明赋值，后使用"的原则，否则会报错。

2. 变量的主要类型

（1）数值型

数值型变量分两大类：整数型和实数型。

整数型数据没有小数，实数型数据包含整数和小数。

在 RAPTOR 中，数字的整数部分最大有效位数为 15 位十进制数，小数部分有效位数默认为 4 位，需要更改小数精度时，可以调用 set_precision() 子程序进行设置。

例如：set_precision(2) 设置两位小数。

set_precision(0) 和 set_precision(1) 都是设置 1 位小数。

set_precision(-1)，恢复默认值，即实数型 4 位小数，整数型没有小数。

（2）字符型

字符型是指计算机中使用的字母、数字和符号。字符必须用单引号引起来，例如 'A'、'!'、'9' 等。

例如：在 RAPTOR 中赋值语句 S← 'a' 表示将字符 'a' 赋值给变量 S，S 是字符型变量。

（3）字符串型

字符串是由数字、字母、下划线和其他任何字符所组成的一串字符。例如 " Hello, World!"、"The value of x is"、"Name & Sex" 等。

字符串两端必须使用双引号""，否则会被误认为是变量名。

在 RAPTOR 中，字符串在存储上类似字符数组（参见 3.5 节），字符串每一位的单个元素都是字符类型，可以单独提取。如字符串型变量 S = "abcdefg"，S 变量也可以看作是一个一维字符数组：S = { 'a', 'b', 'c', 'd', 'e', 'f', 'g' }，其中每一个下标变量都是字符型的。例如：S[1] = 'a'，S[2] = 'b'，……，S[7] = 'g'。

> **注意：**
>
> 字符串型变量与字符型变量是两种不同的类型，所以不能在关系表达式中进行比较。

例如：S←"A"；C← 'B'，S 是字符串型变量，C 是字符型变量。运行关系表达式 S = C 时会报错。

虽然两种类型的变量不能直接进行比较，但是可以通过连接运算符 " + " 将两者连接成字符串。

例如：S←S + C，赋值结束后，S 是字符串，结果为 AB。

3. 变量声明与赋值

在 RAPTOR 中，使用变量必须遵循"先声明赋值，后使用"的原则。

RAPTOR 使用的赋值语句在其符号中的语法为：

```
变量←表达式
```

此语句中赋值符号 "←" 将右侧表达式的值直接赋值给变量。

📝 **案例 3-2** 一个简单的变量声明与赋值的案例。表 3-5 为 RAPTOR 环境中定义变量 X 及通过赋值语句为变量 X 赋值的过程，请分别说明每一步变量 X 的数据类型以及值的变化。

表 3 – 5　变量 X 的声明与赋值过程

流程图	X 的值和数据类型	说　　明
	–	程序开始
Start	变量 X 的数据类型：＿＿＿＿＿＿ 变量 X 的值为：　＿＿＿＿＿＿	第一个赋值语句：X←5
X ← 5	变量 X 的数据类型：＿＿＿＿＿＿ 变量 X 的值为：　＿＿＿＿＿＿	第二个赋值语句：X←X + 5
X ← X + 5	变量 X 的数据类型：＿＿＿＿＿＿ 变量 X 的值为：　＿＿＿＿＿＿	第三个赋值语句：X← 'A'
X ← 'A' X ← "Welcome" PUT X¶	变量 X 的数据类型：＿＿＿＿＿＿ 变量 X 的值为：　＿＿＿＿＿＿	第四个赋值语句：X←"Welcome"
End	输出变量 X：＿＿＿＿＿＿	输出 X
	-	程序结束

解答：

第一个赋值语句：X←5，此时变量 X 为整数型，X = 5；

第二个赋值语句：X←X + 5，此时变量 X 为整数型，X = 10；

第三个赋值语句：X← 'A'，此时变量 X 为字符型，X = 'A'；

第四个赋值语句：X←"Welcome"，此时变量 X 为字符串型，X = "Welcome"。

最后输出字符串"Welcome"。

操作步骤：

（1）打开 RAPTOR 程序，保存 RAPTOR 文件"案例 3 – 2. rap"。

（2）按住鼠标左键将"赋值"符号拖动至初始图样"Start"和"End"符号之间（或者先选择"赋值"符号，然后在初始图样"Start"和"End"符号之间单击），以添加"赋值"符号。如图 3 – 9 所示，选中"赋值"符号（红色显示），双击"赋值"符号，或右击后在弹出的快捷菜单中，单击"编辑"选项，随后弹出"Assignment"设置对话框。

（3）如图 3 – 10 所示，以 Set X to 5 的格式，声明一个变量 X，并且为变量 X 赋值为 5，此时变量 X 为整数型，X = 5。

（4）按照步骤（3），再依次添加 3 个"赋值"符号，分别设置赋值内容为：

```
Set X to X + 5：变量 X 为整数型，X = 10
Set X to 'A'：变量 X 为字符型，X = 'A'
Set X to "Welcome"：变量 X 为字符串型，X = "Welcome"
```

流程图如图 3 – 11 所示。

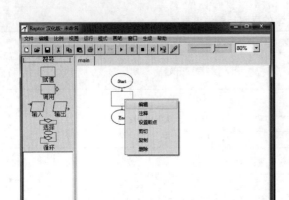 

图3-9　添加"赋值"符号　　　　　图3-10　"Assignment"设置对话框

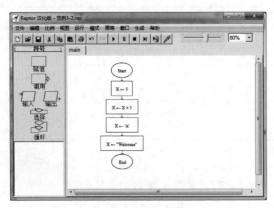

图3-11　赋值设置

（5）添加"输出"符号，设置"输出"内容：X。

（6）运行程序，主窗口的"变量显示区"会显示变量 X 的赋值变化过程，依次为 X：5，X：10，X：'A'，X："Welcome"。

（7）运行结果与运算次数如图3-12所示，保存程序并退出。

图3-12　变量 X 的赋值变化与运行结果

3.4　RAPTOR 变量赋值方式

RAPTOR 中变量赋值的方式有 3 种：通过输入符号对变量进行赋值，通过赋值符号对变量进行赋值，以及通过过程调用对变量进行赋值。

3.4.1　通过输入符号对变量进行赋值

输入符号允许用户在程序执行过程中输入变量的数据值。

在 RAPTOR 中，用户使用输入符号时，可设置"输入"对话框中"输入提示"作为输入操作的提示文本，并在"输入变量"中设置变量名。在系统执行输入指令时，会要求用户通过键盘输入数据，输入的数据将完成对变量的赋值。

案例 3 - 3　将数字 189 赋值给变量 num_a 并将其输出，设置输入的提示文本为
"Enter a number:"。

操作步骤：

（1）将 RAPTOR 窗口左侧的"输入符号"拖入右侧主窗口，双击主窗口的"输入符号"对其进行设置。设置"输入提示"为"Enter a number:"，"输入变量"为 num_a，如图 3 - 13 所示，单击"完成"按钮完成设置（注意，字符串的输入和输出都需加上一对半角双引号）。

（2）将窗口左侧的"输出符号"拖入右侧主窗口，双击主窗口的"输出符号"，在"输出"对话框中设置需要输出的内容及格式，如图 3 - 14 所示，输出的内容既可以是文字也可以是变量。本题的输出语句将字符串"the number is"和变量 num_a 通过连接符"＋"连接输出。

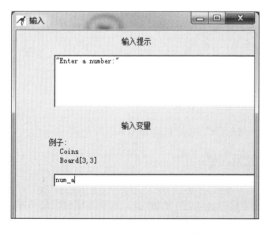

图 3 - 13　"输入"对话框

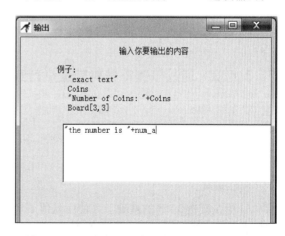

图 3 - 14　"输出"对话框

（3）完成 RAPTOR 流程图绘制，如图 3 - 15 所示。

（4）单击窗口上方 ▶"运行"按钮执行，程序将按流程图顺序自上而下执行各步骤。当执行输入命令时，弹出图 3 - 16 所示的对话框，在对话框中输入 189 为变量 num_a 赋值，单击"确定"按钮完成输入。系统执行此步程序时会在内存中创建一个变量 num_a。

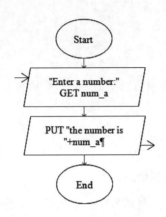

图 3 – 15　案例 3 – 3RAPTOR 流程图

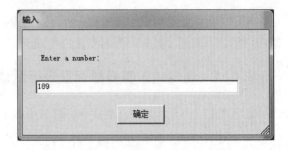

图 3 – 16　输入符号在运行时的对话框

（5）程序执行完成后，如图 3 – 17 所示，会在主控台显示输出结果 "the number is 189"。

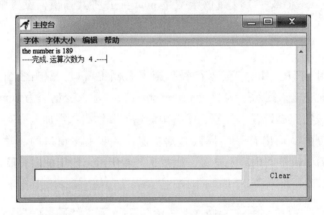

图 3 – 17　案例 3 – 3 的结果输出

3.4.2　通过赋值符号对变量进行赋值

在 RAPTOR 中，用户可以通过使用的赋值符号对变量进行赋值。

　　案例 3 – 4　在案例 3 – 3 的基础上，再运用赋值语句创建变量 num_b（将 num_a + 11 的值赋值给 num_b）。输出 num_a 和 num_b 两个变量的值。

操作步骤：

（1）在案例 3 – 3 的基础上，使用赋值语句完成对变量 num_b 的赋值。将窗口左侧的 "赋值" 符号拖入右侧的主窗口，如图 3 – 18 所示，利用赋值符号的编辑对话框创建变量 num_b，将 num_a + 11 的值赋值给 num_b。

（2）通过 "输出" 编辑对话框设置输出的结果及格式如图 3 – 19 所示。

（3）完成 RAPTOR 流程图绘制，如图 3 – 20 所示。

（4）执行程序，如图 3 – 21 所示，输出结果为 "the num_a is：189，the num_b is：200"。

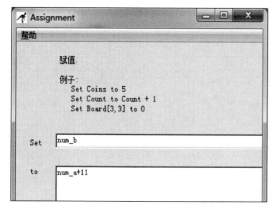

图 3-18 赋值符号的编辑对话框

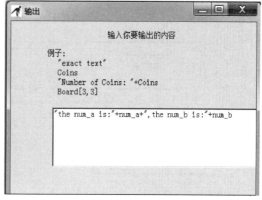

图 3-19 "输出"编辑对话框

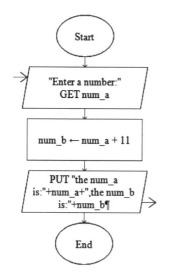

图 3-20 案例 3-4RAPTOR 流程图

图 3-21 案例 3-4 的结果输出

3.4.3 通过过程调用对变量进行赋值

在 RAPTOR 中，变量的赋值还可以通过调用过程的参数传递或返回值来进行，这需要通过子程序来实现。关于子程序的具体实现可参考"3.5.6 子图与子程序的运用"小节部分的内容。

例如，如图 3-22、图 3-23 所示是一个计算圆面积的主程序和子程序。主程序在调用子程序 C_circle(r，C)时，可以将不同的半径值通过参数传递给子程序进行计算，从而得到不同的圆面积并将值传递赋值给主程序中的变量 C。

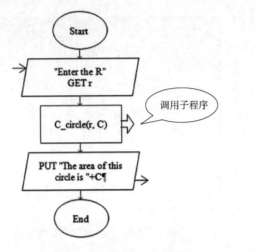

图 3 - 22　计算圆面积的主程序

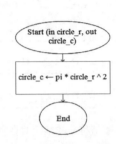

图 3 - 23　计算圆面积的子程序

3.5　RAPTOR 运用实例

本节将使用 RAPTOR 环境进行实例运用,包括顺序结构实例、分支结构实例、循环结构实例、数组的运用实例、函数与函数的调用、子图与子程序的运用实例,以及 RAPTOR 的制图实例。

3.5.1　顺序结构实例

顺序结构的程序中只有输入语句、赋值语句、调用语句和输出语句,没有分支语句和循环语句,程序按照先后顺序执行的,不会中断或者跳转,所有步骤执行完成退出。

案例 3 - 5　分期付款购买手机:某大学生用分期付款的方式购买价格为 3 000 元手机,首付为 1 500 元,以后每月支付本金 50 元,并加付欠款利息,月利息为 1%。计算购买该手机实际支付的总金额是多少元?

案例分析:

①已知:价格 3 000 元,首付 1 500 元,月供 50 元,利息 1%;

②第二个月需要付本金 50 元,利息 1 500 元 * 1% = 15 元;

③第三个月需要付本金 50 元,利息 1 450 元 * 1% = 14.5 元;

④后续月付款依上类推;

⑤最后一个月只要付本金 50 元,利息 50 元 * 1% = 0.5 元;

⑥总分期数:1 500/50 = 30 个月;

⑦第二个月起,平均每月付款 [(50 元 + 15 元) + (50 元 + 0.5 元)] /2;

⑧总付款:首付 + 平均每月付款 * 30。

RAPTOR 流程图和程序运行结果,如图 3 - 24、图 3 - 25 所示。

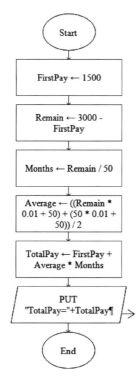

图 3 -24　案例 3 -5 RAPTOR 流程图

图 3 -25　案例 3 -5 运行结果

3.5.2　分支结构实例

分支结构表示程序的处理步骤出现了分支，算法的流程根据条件是否成立有不同的流向。程序中出现选择语句，可以有单分支结构、双分支结构和多分支结构。

📝 **案例 3 -6**　输出大数：输入两个不同的数，再输出其中较大的数。

案例分析：

①输入两个不同的数 a 和 b；

②使用双分支结构：

判断：a > b，如果成立，输出 a；否则输出 b。

RAPTOR 流程图、输入对话框及程序运行结果如图 3 - 26、图 3 - 27、图 3 - 28 所示。

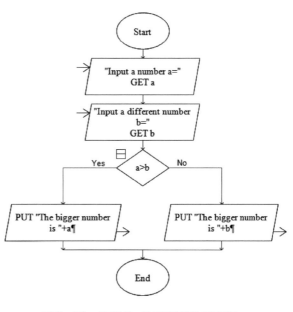

图 3 -26　案例 3 -6 RAPTOR 流程图

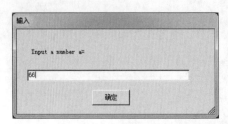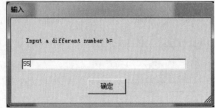

图 3 -27　通过输入语句为变量 a、b 赋值

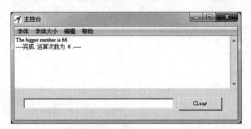

图 3 -28　案例 3 -6 运行结果

案例3 -7　自助购买门票：某水族馆门票规定：成人（18 岁以上）或身高超过 1.5 米的儿童全票；身高超过 1.2 米的儿童半票，否则免票。

案例分析：

①输入身高 h 和年龄 age；

②使用多分支结构：如果年龄 >=18 或者身高超过 1.5 米则全票；否则再判断身高，如果超过 1.2 米"半票"，否则"免票"。

RAPTOR 流程图、输入对话框及程序运行结果如图 3 -29、图 3 -30、图 3 -31 所示。

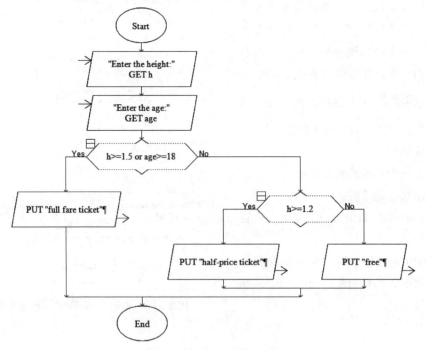

图 3 -29　案例 3 -7 RAPTOR 流程图

图3-30 通过输入语句为变量 h、age 赋值

图3-31 案例3-7 运行结果

3.5.3 循环结构实例

循环结构由循环条件和循环体组成，是指在程序中需要反复执行某个功能而设置的一种程序结构。它由循环体中的条件，判断继续执行某个功能还是退出循环。程序中的循环结构也可以是多重的嵌套循环结构。

案例3-8 分期付款购买手机：利用循环结构来设计案例3-5分期付款购买手机的算法，保留两位小数。

案例分析：

①已知价格 3 000 元，首付 1 500 元，月供 50 元，利息 1%；

②第二个月需要付本金 50 元，利息 1 500 元 * 1%，还欠 1 450 元；

③第三个月需要付本金 50 元，利息 1 450 元 * 1%，还欠 1 400 元；

④最后一个月只要付本金 50 元，利息 50 元 * 1% = 0.5 元，欠款为 0 元；

⑤一共付款：首付 + 每月付的本金和利息。

RAPTOR 流程图和程序运行结果如图 3-32、图 3-33 所示。

案例3-9 企业产值预估：某电商平台在当年的销售额为 1 000 万元，根据企业目标管理，计划以后每年递增 8.5%。请设计一个小程序，计算出该企业的销售额在哪一年可以实现翻一番。输出达到销售额翻番目标的年份和该年的销售额。

案例分析：

①输入 year 年份，S_begin 为初始产值，rate 为年增长率 8.5%；

②S_current 为预期的产值，则第 1 年 S_current = S_begin，第 2 年产值为 S_current = S_current * (1 + rate)，后续每年产值都以该方式进行递增。

③利用循环结构来计算可以翻番的年份，当产值 S_current >= 2 * S_begin 时，退出循环。

RAPTOR 流程图、输入对话框及程序运行结果如图 3-34、图 3-35、图 3-36 所示。

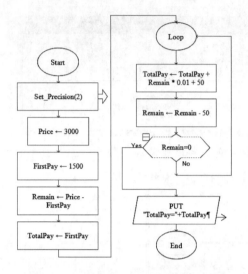

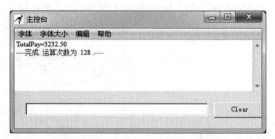

图 3 –32　案例 3 –8 RAPTOR 流程图　　　　　图 3 –33　案例 3 –8 运行结果

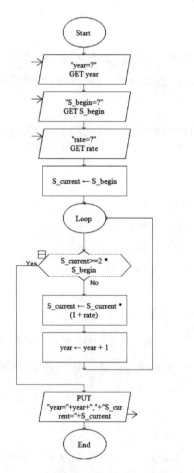

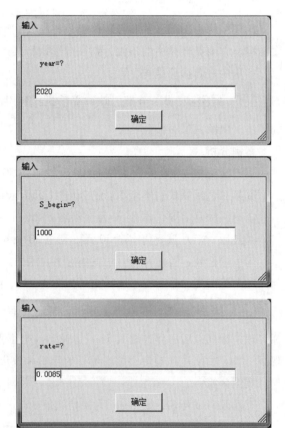

图 3 –34　案例 3 –9 RAPTOR 流程图　　　　图 3 –35　为变量 year、S_begin、rate 赋值

图 3 -36　案例 3 -9 运行结果

3.5.4　数组的运用

在引入数组的概念之前，先来看一个例子。

【引例】某大学生平日有记账的习惯，每日罗列自己当日的支出，以控制乱消费。但是手写账本容易出错，因此他习惯使用某 APP 记账软件来记录支出。新年期间，他用自己存下的压岁钱为长辈们购置了 8 份新年礼物。

在已有的知识下，请编写一个小程序，实现下述功能：在输入礼物的每笔费用后，输出详细的费用清单，并计算和输出费用的总金额。

算法一：

流程图如图 3 - 37 所示，此算法直接利用 8 个数值变量 payment1，…，payment8 来存储 8 笔费用，并通过 8 个变量的相加来计算总和。

此算法虽能实现程序功能，但缺点是程序重复冗长，需通过重复的输入语句生成 8 个存储费用的变量。如果所需变量需要 100 个甚至更多个，这样的程序就不简便了。

根据前面所学内容，循环结构可以很好地解决此算法重复输入的问题。

算法二：

流程图如图 3 - 38 所示，算法二通过使用循环结构规避了算法一的缺点。只需要 1 个数值变量 payment 就可以存储各笔费用。在循环的同时，也完成费用总额 sum 变量的累计。

但是这样做的缺点是每输入一次金额，就会把原 payment 的金额覆盖掉，之前的前 7 笔费用都不能保留。如果 APP 要在后续开发扩展功能，使用到之前输入的每笔费用，就会遇到困难了。

之前学习的变量都是单个独立的变量。但是在遇到像引例这样的情况或在解决实际问题时，往往需要使用大量的变量，而这些变量之间又有一定的内在关系。这时，使用普通变量容易造成程序重复冗长，或无法满足需求。而数组这一特殊结构，就可以用来解决这样的问题。

1. 数组的定义和使用

数组是按顺序存储在一起的一组相关变量的集合。标识这个数据集合的名称叫做数组名，其中的每个元素称为数组元素。数组本身并不是一种数据类型，而是一种数据结构。

在 RAPTOR 中，数组的一般形式如下：

```
数组名[下标1,下标2,...下标n]
```

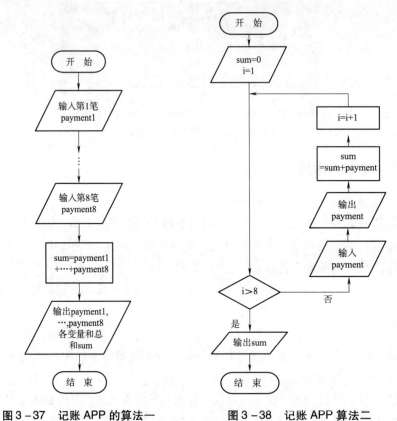

图 3－37　记账 APP 的算法一　　　图 3－38　记账 APP 算法二

说明:

①数组名用于标识该数组,命名规则与变量名相同;

②下标的个数表示数组的维数,一维数组只有一个下标,二维数组有两个下标;

③下标值可以是常量、变量或表达式,但必须为正整数,不能是 0、负数和小数;

④数组元素可以是相同类型的数据,也可以是不同类型的数据。

以 payment[8]为例,其只有一个下标,是一个一维数组,共有 8 个数组元素。图 3－39 显示的是各个数组元素按顺序在内存中的分布。payment[1]是第一个元素,payment[2]是第二个元素。

图 3－39　一维数组的元素表示

数组 S[2,4]有两个下标,是一个二维数组。第一维下标是 1 到 2,第二维下标是 1 到 4,数组内共有 8 个元素,分别是:

```
S[1,1],S[1,2],S[1,3],S[1,4]
S[2,1],S[2,2],S[2,3],S[2,4]
```

数组具有以下特点:

①数组是有序数据的集合。这里的有序性是指数组元素存储顺序的有序性,而不是指数组元素值的有序;

②利用数组数据类型可以存放若干个数据；

③数组中的每个元素可以是相同的数据类型，也可以是不同的数据类型（字符串、字符和数值等）；

④按照数组下标变量的个数不同，数组可以分为一维数组、二维数组、多维数组。

2. 一维数组

一维数组，即各个数组元素按顺序排列，每个元素是只有一个下标的数组元素，可以通过赋值语句或输入语句给数组元素赋值来创建一个数组。

在 RAPTOR 中，可以直接使用赋值符号对一维数组元素进行赋值，如：

```
A[1]←8
A[2]←'M'
A[3]←"Name"
```

一维数组 A[3]中的数组元素被分别赋值，第一个数值型数组元素 A[1]=8，第二个字符型数组元素 A[2]='M'，第三个字符串型数组元素 A[3]="Name"。

> **注意：**
> 执行赋值语句：A[8]←16
> 系统会创建一个具有 8 个数组元素的一维数组 A[8]，其中第 8 个元素 A[8]被赋值为 16，A[1]到 A[7]均自动被赋值为 0。
> 如果继续赋值：A[10]←5
> 数组将扩大为 10 个数组元素，A[9]也被自动被赋值为 0。
> 但若执行"S←A[11]"会报错，因为 A[11]还没有定义。

案例 3 –10　请使用数组实现上述引例中程序的功能。

案例分析：

①利用变量 n 定义购买礼物的份数，即循环的次数。

②利用一维数组 payment[n]来存储各笔费用，数组可以保留每次输入的费用的数值，也能够反复存取或修改。

③数组 payment[n]可以通过一个计数循环来完成各数组元素的赋值。

流程图如图 3 – 40 所示。

RAPTOR 流程图如图 3 – 41 所示，通过使用一维数组 payment[n]和循环结构，可以反复存取数组中的数组元素。这样的算法更实用，这也是使用普通变量无法实现的。

案例 3 –11　有 10 个学生参加计算机课程考试，需要计算这些学生成绩的平均值和标准差。

平均值的计算公式为 $\bar{x} = \dfrac{x_1 + x_2 + \cdots + x_n}{n}$

标准差的计算公式为 $s = \sqrt{\dfrac{(x_1-\bar{x})^2 + (x_2-\bar{x})^2 + \cdots + (x_n-\bar{x})^2}{n}}$

在这里，平均值反映的是数据的集中趋势，而标准差反映的是数据离中趋势或离散程度。以下述成绩为例来理解。

A 同学三次计算机成绩：88，85，82；

B 同学三次计算机成绩：95，85，75。

可以看到，两位同学三次计算机的平均分都为 85 分，集中趋势是一样的。但是很明显，A 同学的计算机成绩表现更稳定，B 同学成绩的离散程度更高，表现不稳定。因此，评定学生的学习情况，将平均值和标准差结合起来看更合理。

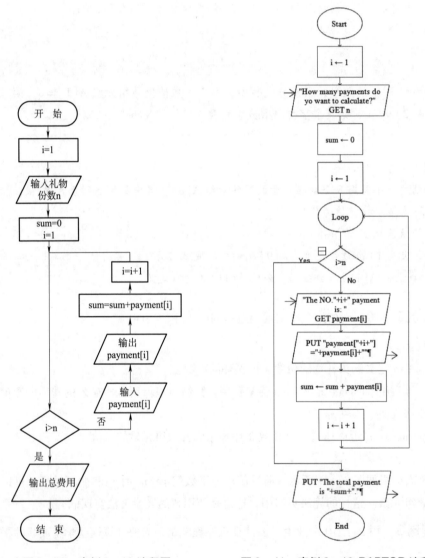

图 3 - 40 案例 3 - 10 流程图   图 3 - 41 案例 3 - 10 RAPTOR 流程图

案例分析：

①使用一维数组 Score[10] 可以保存每个学生的成绩，方便后续平均值和标准差的计算；

②从键盘输入的 10 个成绩存入数组 Score[i]（i = 1，…，10）；

③计算平均成绩 Average；

④利用数组 Score[10]里的成绩和平均成绩 Average 来计算标准差 Standard_D；

⑤输出平均成绩和标准差。

RAPTOR 流程图如图 3 – 42 所示。

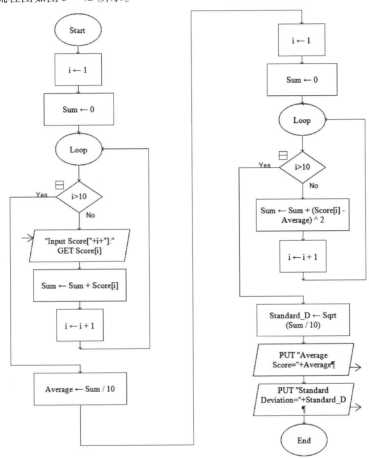

图 3 – 42　案例 3 – 11RAPTOR 流程图

案例 3 – 12　编写一个程序，利用随机数函数和取整函数产生 10 个 60～100 之间的随机整数，并对它们从小到大排序后输出。

案例分析：

①循环产生 10 个 60～100 之间的随机整数，并用数组 A[i]，i = 1，…，10 存储。

在 RAPTOR 中，可以通过随机数函数 Random 产生[0，1）之间的随机小数。例如：Random * 41 + 60 能产生[60，101）的随机小数，其中 60 是起始数，Random * 41 控制了产生随机数的范围。

再通过 Floor(Random * 41 + 60)表达式就能产生 60～100 之间的随机整数。

说明：Floor 和 Ceiling 函数可以实现取整功能。

```
Floor 是向下取整：Floor(3.5) = 3
Ceiling 是向上取整：Ceiling(3.5) = 4
```

②将 10 个随机整数从小到大排序后输出。

使用循环嵌套，先从 10 个数中选择一个最小数放到 A[1] 并输出，然后再从剩余的 9 个数中选择最小数放到 A[2] 并输出，以此类推，最后从剩余的两个数中选择小的数放到 A[9] 并输出，A[10] 中就是最大的数了，最后输出 A[10]。

RAPTOR 流程图如图 3-43 所示。

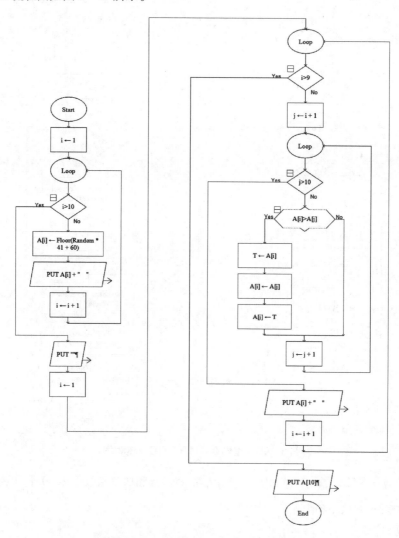

图 3-43　案例 3-12 RAPTOR 流程图

3. 二维数组

二维数组中各个数组元素排成多行多列的形式，每个元素是有两个下标的下标变量。二维数组，在 RAPTOR 中的表示形式为：

数组名 [下标 1, 下标 2]

其中，下标 1 表示数组元素所在的行，下标 2 表示数组元素所在的列。二维数组的创建与一维数组类似，但是已经创建成的一维数组在程序运行中是不能扩展成二维数组的。

如二维数组 A[2,3]有 6 个元素：

```
A[1,1],A[1,2],A[1,3]
A[2,1],A[2,2],A[2,3]
```

它们是排成 2 行 3 列的矩阵数据，A[2,2]是数组中第 2 行中第 2 个元素；

同理，表 3 - 6 是 5 名学生的计算机成绩和英语成绩，可以用 5 行 2 列的二维数组 score[i, j]（i = 1, …, 5, j = 1, 2）来存储。如第三个学生的计算机成绩为 score[3,1] = 78，第五个学生的英语成绩为 score[5,2] = 88。

表 3 - 6 五名学生的计算机成绩和英语成绩

计算机成绩	英语成绩
78	81
85	92
78	68
64	70
93	88

在 RAPTOR 中，通过赋值语句或输入语句给二维数组元素赋值可以创建一个二维数组。

例如：

A[3,5]←8：可以创建具有 3 行 5 列共 15 个元素的二维数组 A。第 3 行的第 5 个元素被赋值 8，其他所有元素均自动被赋值为 0。

如果继续赋值：

A[4,10]←6：数组会扩大为 4 行 10 列的 40 个元素，除了最后一个元素，新增加的其他元素也都被自动赋值为 0。

二维数组中各个元素的数据类型可以不相同，且可通过再次赋值而变化。

📝 **案例 3 - 13** 英语期末考试结束后，英语老师完成了最后的阅卷工作。但是英语的总分由期末考试的卷面成绩和平时成绩两部分组成（英语的总分 = 期末考试的卷面成绩 × 70% + 平时成绩 × 30%），人工计算成绩十分繁琐且容易出错。

请帮助英语老师设计一个英语总分的计算程序，该程序在输入所有学生的期末考试的卷面成绩和平时成绩后，可以输出最后的期末总分。

案例分析：

①变量 n 定义学生人数；

②利用二维数组 score[i,j]存储卷面成绩和平时成绩，可以通过计数循环来完成赋值；

③利用一维数组 total_score[n]存储计算得到的总分，数组长度为 n。

RAPTOR 流程图如图 3 - 44 所示。

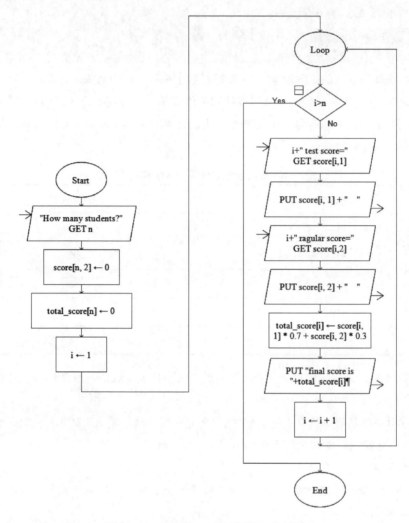

图 3 – 44　案例 3 – 13RAPTOR 流程图

3.5.5　函数与函数调用

程序设计人员可以使用函数和过程方便地实现某些特定的功能，而不需要编写复杂的程序。在 RAPTOR 中，函数是预先编好的，由程序系统内部提供的模块。用户不能自定义函数，但能自定义子程序。

RAPTOR 提供了 3 类常用函数，分别是基本数学函数、三角函数和布尔函数。常用函数名及功能如表 3 – 7、表 3 – 8、表 3 – 9 所示。

表 3 – 7　基本数学函数

函　数　名	函 数 功 能	举　　例
Abs	绝对值	Abs(−6) = 6
Ceiling	向上取整	Ceiling(3.2) = 4

续表

函　数　名	函　数　功　能	举　　例
Floor	向下取整	Floor(3.8) = 3
Log	自然对数	Log(e) = 1
Max	求最大值	Max(5, 8) = 8
Min	求最小值	Min(6, 9) = 6
Sqrt	求平方根	Sqrt(25) = 5
Random	随机数	产生[0,1)随机数

表 3 – 8　三角函数

函　数　名	函　数　功　能
Sin	正弦函数
Cos	余弦函数
Tan	正切函数
Cot	余切函数
Arcsin	反正弦函数
Arccos	反余弦函数
Arctan	反正切函数
Arccot	反余切函数

表 3 – 9　逻辑函数

函　数　名	函　数　功　能	说　　明
Is_Number(V)	判断 V 是否为数值变量	逻辑函数的结果是 True 或 False
Is_Character(V)	判断 V 是否为字符变量	
Is_String(V)	判断 V 是否为字符串变量	
Is_Array(V)	判断 V 是否为一维数组变量	
Is_2D_Array(V)	判断 V 是否为二维数组变量	

　　程序中的表达式是由函数、常量、变量和运算符组成的。函数只能出现在表达式中，它在表达式中具有重要的作用。

　　在 RAPTOR 中，当函数出现在赋值语句、判断语句和输入、输出语句中时，它的运用如图 3 – 45、图 3 – 46、图 3 – 47 所示。

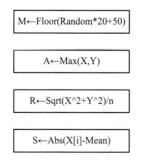

图 3 – 45　函数在赋值句中的运用

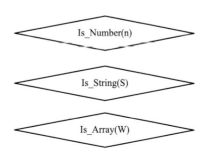

图 3 – 46　函数在判断句中的运用

函数不能出现在调用语句中。如图 3 - 48 所示，Is_Character( ) 是函数，不能使用调用语句调用。而 Set_precision( ) 是子程序，只能使用调用语句调用。

说明：

①Is_Character(V) 函数的功能是判断 V 是否为字符，当 V 是字符时，返回 True，否则返回 False。

②Set_precision(n) 子程序的功能是数值的小数精度设置。

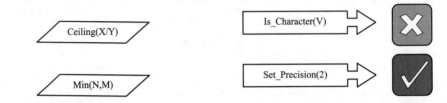

图 3 - 47　函数在输入、输出句中的运用　　　　图 3 - 48　函数不能出现在调用语句中

3.5.6　子图与子程序的运用

RAPTOR 编写的程序不仅可以只有一个主程序 main（或称主图），它还提供了子图和子程序的功能。使用"子图"和"子程序"是实现结构化程序设计思想的重要方法。结构化程序设计思想的要点之一就是模块化，也就是把一个较大的程序划分成若干个模块，每个模块只完成一个或者几个功能。

调用"子图"和"子程序"会让主程序的结构更加清晰，语句更加精简，整个程序会更加简练紧凑。

1. 子图的创建

在 RAPTOR 中，"子图"可以将复杂的程序分解成逻辑块。如图 3 - 49 所示，主程序通过调用"子图"的方式运行，这样可以让主程序的逻辑结构更加清晰，便于程序设计管理。子图可以被主程序、其他子图及自身调用。

案例 3 - 14　比较 2 个数值 x、y 的大小并输出其中较大

图 3 - 49　主程序调用子图

的数。要求使用子图功能：创建"Enter_Data"子图（用于通过键盘输入 x、y 的值）和创建"Compare_x_y"子图（用于判断数值大小并输出结果）。

在编辑程序时，未使用"子图"的 RAPTOR 流程图如图 3 - 50 所示。

但若通过创建 2 个子图："Enter_Data"子图（用于通过键盘输入 x、y 的值）和"Compare_x_y"子图（用于判断数值大小并输出结果），再通过主程序调用"Enter_Data"，"Compare_x_y"子图的方法，会让主程序的结构更加清晰。

操作步骤：

（1）右击主程序选项卡，如图 3 - 51、图 3 - 52、图 3 - 53 所示，在弹出的快捷菜单中选择"增加一个子图"，输入子图名称"Enter_Data"后就在窗口中新建了一个子图。

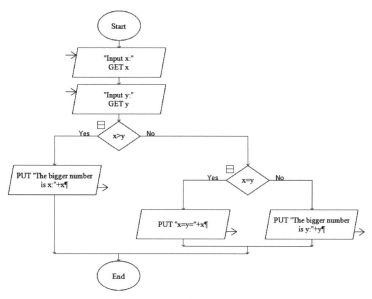

图 3-50　输出大数流程图

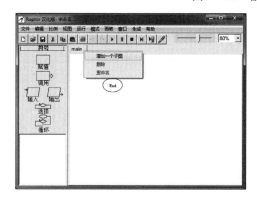

图 3-51　添加一个子图

图 3-52　设置子图名称

（2）如图 3-54 所示，绘制 "Enter_Data" 子图。

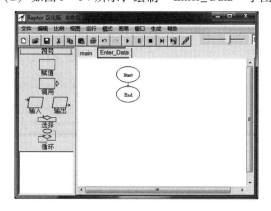

图 3-53　子图界面

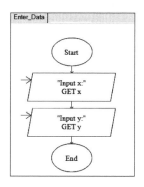

图 3-54　Enter_Data 子图界面

（3）创建"Compare_x_y"子图，设计判断两个数并输出大数的算法、子图如图3-55所示。

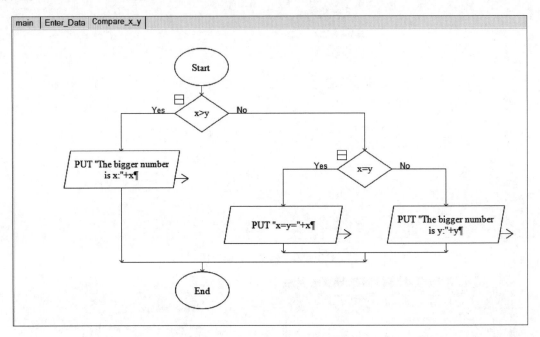

图3-55　Compare_x_y 子图界面

（4）如图3-56所示，在主程序中，通过调用子图"Enter_Data"，"Compare_x_y"让主程序结构更加清晰。

（5）执行程序，通过输入符号为变量 x、y 分别赋值（x=5，y=4），程序运行结果如图3-57所示。

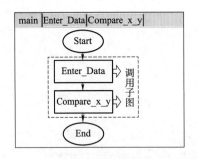

图3-56　main 主程序界面-调用子图

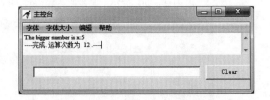

图3-57　案例3-14 运行结果

2. 子程序的创建

子程序与子图的使用方式类似，如图3-58所示，都是通过先创建后调用的方式执行。但子程序允许在每次调用时，通过参数传递的方式，利用输入参数来调整子程序运行的值，或通过输出参数将值返回主程序供后续程序使用。

参数是主程序调用子程序时需要交换的信息。在定义子程序时设置的参数称为"形式参数"，简称"形参"。而在主程序调用子程序时的参数称为"实在参数"，简称"实参"。参数可以是 1 个或多个，最多不超过 6 个。

形式参数有 3 种传递方式：Input、Output 和 Input/Output。

Input 是正向传递参数：主程序向子程序单向传递，即实参传递给形参。实参可以是变量，也可以是常量或表达式。

Output 是反向传递参数：子程序向主程序单向传递，即形参传递给实参。实参必须是变量。

Input/Output 是双向传递参数：既可以是实参传递给形参，也可以是形参传递给实参。实参必须是变量。

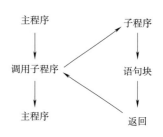

图 3−58　主程序调用子程序

主程序调用子程序时，必须使用调用语句，参数传递步骤如下：

①主程序调用子程序时需要填写正确的子程序名和相对应的参数；

②当主程序执行到调用语句时，程序转向所调用的子程序，实参一一对应传递给输入类型（input）的形参；

③执行子程序中的语句；

④子程序执行结束时，将输出类型（Output）的形参一一对应传递给主程序中的实参；

⑤最后，返回主程序，开始执行主程序中调用语句的下一句语句。

在创建子程序之前，先来看一个例子。

【引例】设计一个算法，计算组合公式：$C_n^m = \dfrac{n!}{m!\ (n-m)!}$，算法设计流程图，如图 3−59 所示。

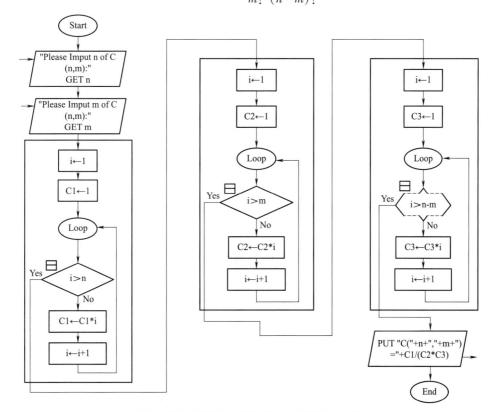

图 3−59　不使用"子程序"计算组合公式

上述引例中，求 $n!$、$m!$、$(n-m)!$ 阶乘的三个循环结构很相似，导致整个主程序冗长、结构复杂、阅读性差。如果运用子程序来设计算法，仅需要创建一个子程序 Fact，在子程序中定义一个输入形参 k 和一个输出形参 C。主程序 3 次调用 Fact 子程序，第一次调用的实参是 n 和 C1，第二次调用的实参是 m 和 C2，第三次调用的实参是 n－m 和 C3 即可。

案例 3－15 创建子程序，计算组合公式：$C_n^m = \dfrac{n!}{m!\ (n-m)!}$

操作步骤：

（1）创建一个子程序 Fact。RAPTOR 默认模式为初级，需要先在"模式"菜单中修改模式为"中级"，如图 3－60 所示。

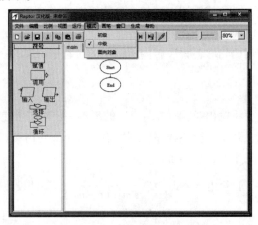

图 3－60　修改模式为中级

（2）右击主程序选项卡，如图 3－61 所示，在弹出的快捷菜单中选择"增加一个子程序"，随后弹出"设置子程序"对话框，如图 3－62 所示，在对话框中设置子程序名为 Fact，形参设置：参数 1 为 k（输入参数），参数 2 为 C（输出参数）。

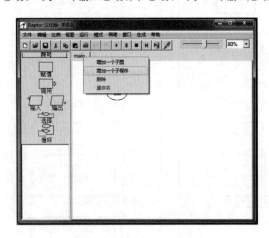

图 3－61　添加一个子程序　　　　图 3－62　子程序名和形式参数设置

（3）在"Fact"子程序中，设计 C＝k! 的算法，流程图如图 3－63 所示。

（4）如图 3－64 所示，在主程序界面中，主程序三次调用 Fact 子程序，实参分别为 n 和 C1、m 和 C2、n－m 和 C3。

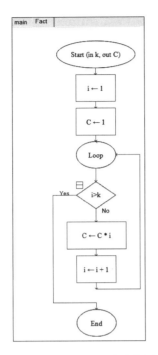

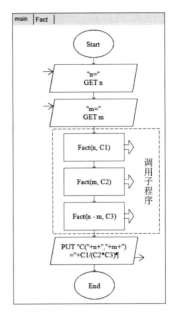

图 3-63　Fact 子程序流程图　　　　图 3-64　main 主程序界面-调用子程序

（5）执行程序，通过输入符号为变量 n、m 分别赋值（n＝5，m＝4），程序运行结果如图 3-65 所示。

3. 子图与子程序区别

子图和子程序的区别在于子图与主程序之间没有参数传递，但子图和主程序的变量是共享的。如图 3-66 所示是一个计算半径为 r 的圆面积子图，半径 r 通过输入符号赋值，子图 Circle_r 共享主程序中的变量 r。

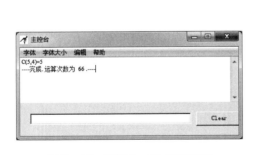

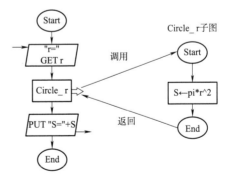

图 3-65　案例 3-15 运行结果　　　　图 3-66　子图和主程序的变量共享

子程序是独立的，它与主程序之间有参数传递，但子程序不能使用主程序的变量，主程序也不能使用子程序的变量，它们之间的信息交换只能通过参数传递。如图 3-67 所示，例如主程序第一次调用"Fact"子程序，主程序中实参 n、C1 与子程序中形参 k、C 一一对应进行参数传递。

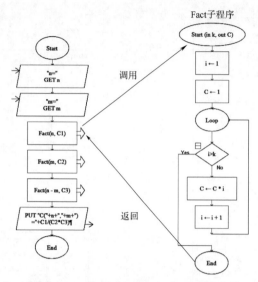

图 3-67　子程序与主程序的参数传递

4. 子程序的递归调用

子程序可以被其他程序调用，也可以被子程序自己内部的语句调用。子程序定义中调用自身的这种方式称为递归。递归是一种常用的程序设计技巧，许多复杂的实际问题利用递归算法就会更容易被解决，而且程序结构简单、思路清晰。

一个子程序 A 调用了自己，这称为直接递归。如果子程序 A 调用了子程序 B，而子程序 B 又调用了子程序 A，则称为间接递归。

递归子程序必须具备两个条件：递归通式和递归结束条件。

 案例 3-16　子程序的递归调用：阶乘计算 $n! = n(n-1)(n-2)\cdots 1$。

案例分析：

$$n! = \begin{cases} 1 & (n=1) \\ n(n-1)! & (n>1) \end{cases}$$

①阶乘的通式：当 $n>1$ 时 $n! = n(n-1)!$；

②递归结束条件：当 $n=1$ 时 $n! = 1$。

RAPTOR 流程图的主程序如图 3-68 所示，子程序如图 3-69 所示。当输入符号为变量 n 赋值为 3 时，运行结果如图 3-70 所示。

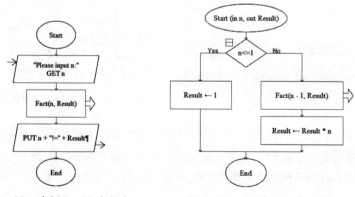

图 3-68　案例 3-16 主程序　　　图 3-69　案例 3-16 子程序

图 3 – 70　案例 3 – 16 运行结果

案例 3 – 16 中子程序的递归调用过程如图 3 – 71 所示，本案例中实参与形参同名，参数传递①中实参 n 的值传递给形参 n，参数传递②中将子程序运行结果形参 Result 的值传递给实参 Result 供主程序后续使用。

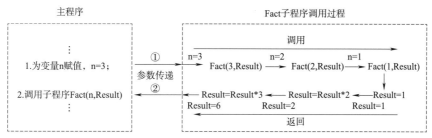

图 3 – 71　计算 3! 的子程序的递归调用过程

3.5.7　RAPTOR 制图

RAPTOR 除了计算表达式、输出文本和数值外，还可以输出图形。RAPTOR 系统中已经定义好一系列制图子程序，用户只需直接调用这些子程序并填写适当的参数就可以绘图和填色，完成相应图形的绘制。

1. 窗口命令

①创建图形窗口的子程序 Open_ Graph_ Window（Width, Height）。

要在屏幕上绘制图形，首先要创建一个图形窗口，然后才能调用各类绘图子程序在这个窗口中制图。

例如：创建一个宽 300 像素，高 200 像素的图形窗口，要在调用符号中输入子程序：

```
Open_Graph_Window(300,200)
```

执行该子程序后，RAPTOR 会创建了一个宽 300 像素、高 200 像素的图形窗口。图形窗口中的(x, y)坐标与在数学中的坐标系相似，但是原点为(1,1)。左上角的点坐标是(1,200)，右上角的点坐标是(300,200)，左下角的点坐标是(1,1)，右下角的点坐标是(300,1)，如图 3 – 72 所示。

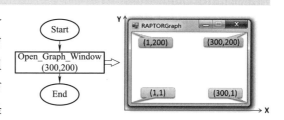

图 3 – 72　创建宽 300、高 200 的图形窗口

②关闭图形窗口的子程序 Close_ Graph_ Window。

完成绘图后需要关闭图形窗口时，可以调用关闭图形窗口命令。

③等待键盘操作子程序 Wait_ For_ Key。

在关闭图形窗口前可以等待键盘任一键操作的等待命令。

④设置图形窗口标题子程序 Set_Window_Title(Title)。

例如：Set_Window_Title("Shanghai")可以将窗口标题更改为"Shanghai"。

⑤获取已经打开的图形窗口的宽度和高度函数：Get_Window_Width 和 Get_Window_Heigh。

注意：

获取的宽度和高度可以通过赋值语句赋值给变量使用。

2. 绘图命令

RAPTOR 中常用绘图命令，如表 3 – 10 所示。

表 3 – 10　RAPTOR 的绘图命令

形　状	子程序调用和描述
单个像素	Put_Pixel(X, Y, Color)，(X, Y)为像素的位置，Color 为其颜色
线段	Draw_Line(X1, Y1, X2, Y2, Color)，(X1, Y1)和(X2, Y2)分别为线段的两端端点，Color 为线段颜色
矩形	Draw_Box(X1, Y1, X2, Y2, Color, Filled/Unfilled)，(X1, Y1)和(X2, Y2)为矩形的对角端点位置，Color 为矩形颜色，Filled/Unfilled 为颜色填充/不填充
圆	Draw_Circle(X, Y, Radius, Color, Filled/Unfilled)，(X, Y)为圆心位置，Radius 为半径，Color 为圆的颜色，Filled/Unfilled 为颜色填充/不填充
椭圆	Draw_Ellipse(X1, Y1, X2, Y2, Color, Filled/Unfilled)，(X1, Y1)和(X2, Y2)分别为所画椭圆外围矩形的对角端点位置，Color 为椭圆的颜色，Filled/Unfilled 为颜色填充/不填充
弧	Draw_Arc(X1, Y1, X2, Y2, Startx, Starty, Endx, Endy, Color)，(X1, Y1)和(X2, Y2)分别为所画弧所在椭圆的外围矩形的对角端点位置，(Startx, Starty)为弧线起始点位置，(Endx, Endy)为弧线终点位置，Color 为弧线颜色，弧线从起始点逆时针画至终点
为一个封闭区域填色	Flood_Fill(X, Y, Color)，为像素(X, Y)所在的封闭区域填充颜色，Color 为填充的颜色
绘制文本	Display_Text(X, Y, Text, Color)，在像素(X, Y)位置开始书写文字
绘制数字	Display_Number(X, Y, Number, Color)，在像素(X, Y)位置开始书写数字

当需要绘制矩形、圆等图形时，只需调用对应的绘图子程序并设置相应的参数，即可完成绘制。

3. RAPTOR 支持的颜色

RAPTOR 支持的颜色如表 3 – 11 所示，在设置各绘图命令的颜色参数时，可以通过直接设置颜色值来设置颜色。除了表中所列的 16 种常用颜色外，RAPTOR 还支持值为 16 – 241 的颜色。

表 3 – 11　RAPTOR 支持的颜色

值	颜色参数	颜色说明	值	颜色参数	颜色说明
0	Black	黑色	8	Dark_Gray	深灰色
1	Blue	蓝色	9	Light_Blue	淡蓝色
2	Green	绿色	10	Light_Green	淡绿色
3	Cyan	蓝绿色	11	Light_Cyan	淡青色
4	Red	红色	12	Light_Red	淡红色
5	Magenta	品红色	13	Light_Magenta	淡品红色
6	Brown	棕色	14	Yellow	黄色
7	Light_Grey	浅灰色	15	White	白色

此外，调用函数 Closest_Color(Red, Green, Blue)，可选取最接近所需颜色的颜色值（参数为其 RGB 值）。

4. RAPTOR 制图实例

 案例 3 - 17　画如图 3 - 73 所示的圆，要求：

①创建一个 300 × 300 的窗口；

②窗口的宽度赋值到 x；

③窗口的高度赋值到 y；

④设置窗口的标题；

⑤在窗口中央画半径为 100 的圆；

⑥等待键盘操作；

⑦关闭图形窗口。

RAPTOR 流程图如图 3 - 74 所示。

图 3 - 73　画圆

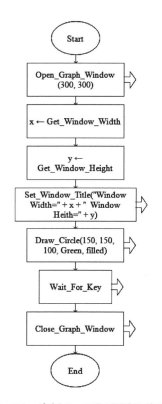

图 3 - 74　案例 3 - 17RAPTOR 流程图

 案例 3 - 18　画如图 3 - 75 所示 A 点到 B 点的圆弧。

案例分析：

①使用画圆弧的子程序：Draw_Arc(x1, y1, x2, y2, Start_x, Start_y, End_x, End_y, Color)；

②(x1, y1) 和 (x2, y2) 是椭圆所在的矩形坐标点；

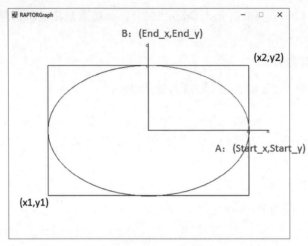

图 3 - 75　画圆弧

③(Start_x，Start_y)是圆弧起始线起点的坐标；

④(End_x，End_y)是圆弧结束线终点的坐标；

⑤弧线起始点是起始线与椭圆的交点；

⑥弧线结束点是结束线与椭圆的交点；

RAPTOR 流程图如图 3 - 76 所示。

 案例 3 - 19　使用 RAPTOR 绘制一个黄色五角星，如图 3 - 77 所示。

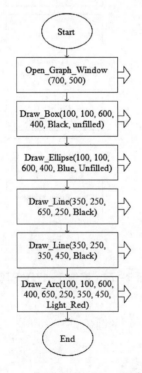

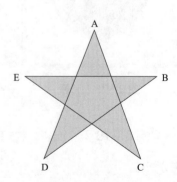

图 3 - 76　案例 3 - 18 RAPTOR 流程图　　　　图 3 - 77　画五角星

案例分析：

①为封闭五角星区域内填色；

> **注意：**
>
> 填色命令是对封闭的区间进行涂色。如果画完五角星再对其涂黄色，需要对五角星的 6 个封闭区域分别涂色。这里可以先将整个画面涂为黄色，待五角星线条全部画完后再将五角星外围区域涂为白色，这样程序会更精简。

②通过画线法完成五角星的绘制，使用 Draw_Line(X1, Y1, X2, Y2, Color) 子程序。

五个顶点分别为：

```
A:425,600
B:675,425
C:610,115
D:225,115
E:150,425
```

RAPTOR 流程图如图 3 – 78 所示。

案例 3 – 20 画如图 3 – 79 所示的 n 个不同颜色层次的同心圆。

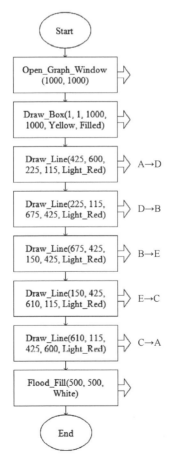

图 3 –78 案例 3 –19RAPTOR 流程图   图 3 –79 画不同颜色层次的同心圆

案例分析：

①从键盘输入 n 获得同心圆的个数；

②设置半径初始值为 200；

③通过循环绘制不同颜色的同心圆；

A. 设置循环变量 i 初始值为 1，颜色变量也是 i，颜色值从 1 开始；

B. 画圆，圆心在(250,250)，颜色值为 i，半径为 r；

C. 进入循环，每次循环 i + 1，半径 r - 200/n；

D. 当 i > n 时结束循环。

④注意绘制同心圆的顺序为先画大圆再画小圆，后画的图形会覆盖前面的图形。

RAPTOR 流程图如图 3 - 80 所示。

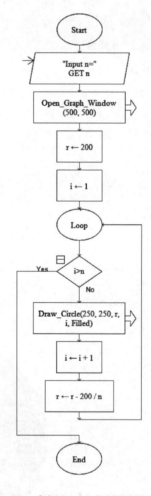

图 3 - 80　案例 3 - 20 RAPTOR 流程图

小　　结

本章学习了问题求解的可视化编程方法，不需要编程语句，只是通过连接流程图的各种符号，就可以实现问题的求解。学习重点是可视化编程软件 RAPTOR 的使用。

RAPTOR（the Rapid Algorithmic Prototyping Tool for Ordered Reasoning）是用于有序推理的快速算法原型工具，是一种可视化的程序设计环境，为程序和算法设计的基础课程教学提供实验环境。

RAPTOR 的 6 种基本符号，分别为赋值（Assignment）、调用（Call）、输入（Input）、输出（Output）、选择（Selection）和循环（Loop），是创建算法流程图的关键符号。关于每一种符号的功能和用法必须熟练掌握。

RAPTOR 的算术运算符、字符串运算符、关系运算符、逻辑运算法是在表达式中常用的内容，需要区别各种运算符的功能和优先级，并能够使用各种运算符编写解决问题的表达式。

RAPTOR 中有常量和变量。常量（Constant）的广义含义是"不变的量"，它们是在计算机程序运行时不会被程序修改的量。变量（Variable）表示的是计算机内存中的位置，用于保存数据值，在任何时候，一个变量只能容纳一个值。然而，在程序执行过程中，变量的值可以被改变，因此称之为"变量"。

RAPTOR 变量赋值的方式有三种：通过输入符号对变量进行赋值，通过赋值符号对变量进行赋值，以及通过过程调用对变量进行赋值。

最后，希望能够通过反复练习 RAPTOR 的运用实例加深对软件的掌握和学习。

习　　题

【练习 3-1】（百钱买百鸡问题）我国古代数学家张丘建在《算经》一书中提出的数学问题，其描述为：鸡翁一值钱五，鸡母一值钱三，鸡雏三值钱一，百钱买百鸡，问鸡翁、鸡母、鸡雏各几何？其意思为：公鸡 5 文钱一只，母鸡 3 文钱一只，小鸡 3 只一文钱，用 100 文钱买一百只鸡，问公鸡，母鸡，小鸡需各买多少只？请设计算法流程图。

【练习 3-2】设计一个猜数字小游戏的算法，请设计算法流程图。要求如下：

（1）产生一个 0 到 99 的随机整数；

（2）必须 10 次之内猜对才算胜利；

（3）每次猜错的时候给出提示，如果所输入的数字比被猜的数字大，则输出"失败，你输入的数字大了！"；如果所输入的数字比被猜的数字小，则输出"失败，你输入的数字小了！"。

（4）如果超出 10 次，则显示"你失败了"，并给出正确的数值。

（5）如果 10 次内猜对了，则显示"你赢了"，并给出正确的数值。

【练习 3-3】三角形类型判断：设计一个算法流程图，从键盘输入三角形的三条边 a、b、c，判断能否构成一个三角形，是什么类型：等边三角形、等腰三角形、直角三角形、普通三角形？

【练习 3-4】设计一个算法流程图求一元二次方程的解。

一元二次方程：$ax^2 + bx + c = 0$ 的解 $x = \dfrac{-b \pm \sqrt{b^2 - 4ac}}{2a}$

提示：

（1）从键盘输入方程中三个系数 a,b,c

（2）当 $b^2 < 4ac$，则方程无实数解

（3）当 $b^2 = 4ac$，方程重解 $x = \dfrac{-b}{2a}$

（4）当 $b^2 < 4ac$，有两个实数解：

$$x_1 = \frac{-b + \sqrt{b^2 - 4ac}}{2a}, \quad x_2 = \frac{-b - \sqrt{b^2 - 4ac}}{2a}$$

（5）根据上述判断输出相应的结果。

【练习3-5】设计一个算法流程图计算水仙花数。

水仙花数：一个三位正整数，其各个数字的立方和等于该数本身。

例如：$153 = 1^3 + 5^3 + 3^3 = 1 + 125 + 27 = 153$。

【练习3-6】《古堡算式问题》：福尔摩斯到某古堡探险，看到门上写着一个奇怪的算式：ABCDE × ？ = EDCBA，福尔摩斯对华生说："ABCDE" 应该代表不同的数字，问号也代表某个数字！"华生说："我猜也是！"。但是两人沉默了好久，还是没有算出合适的结果来。请你利用计算机来帮助福尔摩斯和华生找出 ABCDE 这个数和 "？"。

【练习3-7】编写一个程序，利用随机数函数产生 20 个 40 到 100 成绩赋给一维数组 Mark[i]，（i = 1~20）。要求计算平均成绩，并分别统计大于等于平均成绩的人数和小于平均成绩的人数。

【练习3-8】某舞蹈比赛采用评审团制度。评审团一共有 2 排，每排有 5 位评审。

现希望设计一款软件，可以记录每个评审的投票（赞成/反对，即 1/0），并能输出最终赞成的总票数和任意一位评审团的投票情况。如图 3-81 所示为评审团的投票情况。

【练习3-9】编写一个程序，利用随机数函数产生 40 个 50 到 100 成绩赋给二维数组 Mark[i,j]，（i = 1,…,4,j = 1,…,10）。要求统计每一列成绩的平均成绩，平均成绩要求放在 A[11,1]，A[11,2]，A[11,3]，A[11,4]。

图3-81　评审团的投票情况

输出时要求每一行成绩没有小数，调用函数 Set_Precision(-1)；平均成绩保留一位小数，调用函数 Set_Precision(1)。

提示：先给 A[11,4] 赋值为 0，定义一个 11 行 4 列的数组。

【练习3-10】利用递归算法编写一个程序，计算斐波那契数列（Fibonacci sequence），要求从键盘输入 n，然后计算出斐波那契数列的第 n 项的值。

斐波那契数列通式：$F(1) = 1$，$F(2) = 1$，$F(n) = F(n-1) + F(n-2)$（$n \geq 3$）。

【练习3-11】利用递归算法编写汉诺塔问题。

汉诺塔问题也是一个典型的递归例子。三根柱子 A、B、C，A 柱上有 n 片大小不同的盘子，

要求把这些盘子从 A 柱移到 C 柱，规定每次只能移动一个盘子，任何时候大盘不能在小盘上方。移动汉诺塔的递归算法：

$$n \text{ 个盘子从 A 柱移到 C 柱} = \begin{cases} n-1 \text{ 个盘子从 A 柱借助 C 柱移到 B 柱} \\ \text{A 柱上最后一个盘子直接移到 C 柱} \\ n-1 \text{ 个盘子从 B 柱借助 A 柱移到 C 柱} \end{cases}$$

【练习 3 - 12】 使用 RAPTOR 画一个卡通笑脸，如图 3 - 82 所示。

提示：

（1）创建一个 330 × 230 的图形窗口；

（2）使用画圆子程序画脸庞 Draw_ Circle(150, 100, 52, Yellow, filled)

（3）使用画椭圆子程序画左眼睛：

Draw_ Ellipse(118, 95, 138, 130, White, filled)

Draw_ Ellipse(120, 96, 133, 115, Black, filled)

右眼睛参数自行设置；

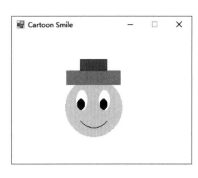

图 3 - 82　画笑脸

（4）使用画圆弧子程序画笑容 Draw_ Arc (120, 65, 180, 125, 130, 80, 170, 80, Black)；

（5）使用画矩形子程序画帽子：

Draw_ Box(110, 140, 199, 165, 206, filled)：206 是颜色值

Draw_ Box(125, 165, 175, 185, Closest_ Color (40, 156, 160), filled)

Closest_ Color (40, 156, 160)：根据 RGB 三基色设置颜色的函数

【练习 3 - 13】 使用 RAPTOR 画房子，如图 3 - 83 所示。

提示：

（1）窗口大小 400 × 300；

（2）淡蓝色背景矩形：对角顶点为 (1, 1)、(400, 300)；

（3）淡绿色草地矩形：对角顶点为 (1, 1)、(400, 50)；

（4）黄色墙体矩形：对角顶点为 (80, 50)、(320, 200)；

（5）房顶三角形：三个顶点为：(50, 200)、(200, 280)、(350, 200)；

（6）淡青色矩形门：对角顶点为 (120, 50)、(170, 130)；

（7）淡青色半圆门（实际是一个圆）：圆心为 (145, 130)，半径为 25；

（8）淡品红色椭圆窗口：对角顶点为 (200, 120)、(290, 180)。

【练习 3 - 14】 在 RAPTOR 中创建一个画等腰三角形的子程序，并利用该子程序画一棵树，如图 3 - 84 所示。

RAPTOR 定义了画矩形、圆形和椭圆形的子程序，但没有定义画三角形的子程序。现要求编写一个画等腰三角形的子程序，三角形顶角的坐标为 (x, y)，宽为 w，高为 h，颜色为 c。

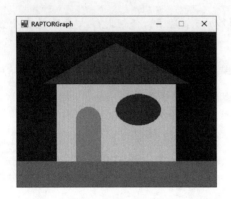

图 3-83　画房子

图 3-84　画树

提示：

（1）主程序先创建图形窗口：大小设为 400×300；

（2）画背景矩形，其大小与图形窗口相同，RGB 颜色(255,250,160)；

（3）画黑色树干：树干高 80、宽 40，底部中间的坐标是（200,1），矩形对角坐标为（180,1）和（220,80）；

（4）建立画等腰三角形的子程序：

根据三角形的顶点坐标、宽和高，算出另两个顶点的坐标。再根据 3 个顶点画出三角形三条边，再对三角形进行填色，即可画出一个三角形；

（5）调用画等腰三角形的子程序画出三个不同的绿色三角形：

三个三角形顶角坐标分别为(200,150)、(200,200)、(200,140)；

三个三角形的宽分别为 220、170、130；

高分别为 70、70、60。

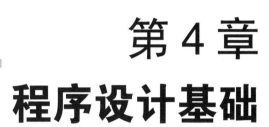

第4章
程序设计基础

引言

　　程序设计是寻求解决问题的办法，并将其实现步骤编写成计算机可执行程序的过程，然后通过某种程序设计语言来实现。程序设计方法主要包括面向过程的结构化程序设计和面向对象的程序设计。Python 语言诞生于 1990 年，它是目前最流行最好用的编程语言，采用了面向对象的程序设计思想。本章将学习使用 Python 语言编写程序来解决问题，主要包括 Python 概述、Python 的基本数据类型和 Python 的组合数据类型、程序的控制结构（顺序结构、分支结构和循环结构）、函数以及文件的使用。

内容结构图

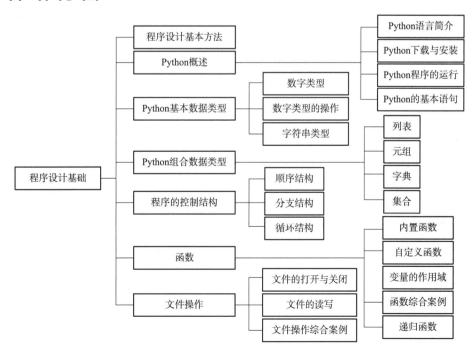

学习目标

通过对本章内容的学习，应该能够做到：

1. 学会：Python 的下载与安装；

2. 掌握：Python 程序的运行、Python 的基本语句（输入函数、输出语句、赋值语句、变量以及运算符与表达式等）、Python 的基本数据类型和组合数据类型中的列表类型；

3. 掌握：程序设计的三种结构以及 Python 的编写规范；

4. 掌握：Python 的内置函数、自定义函数的方法、递归函数；

5. 理解：文件的打开与关闭、文件的读写操作；

6. 应用：能够熟练使用 Python 语言编写程序解决问题。

4.1　程序设计基本方法

程序设计是寻求解决问题的办法，并利用某种程序设计语言将其实现步骤编写成计算机可执行程序的过程。程序设计的过程包括分析、设计、编码、测试、排错等不同阶段。程序设计的一般步骤为：分析问题 – 设计算法 – 编写程序 – 运行程序 – 分析结果 – 编写程序文档。

程序设计基本方法主要包括面向过程的结构化程序设计方法和面向对象的程序设计方法等。结构化程序设计（Structured Programming）是遵循以模块功能和处理过程设计为主的详细设计的基本原则。结构化程序设计的基本思想是采用"自顶向下，逐步求精"的程序设计方法和"单入口单出口"的控制结构。

1. 结构化程序设计方法

通常使用自顶向下，逐步细化，模块化的设计模型。

（1）自顶向下

程序设计时，应先考虑总体，后考虑细节；先考虑全局目标，后考虑局部目标。不要一开始就过多追求众多的细节，先从最上层总目标开始设计，逐步使问题具体化。

（2）逐步细化

对复杂问题，应设计一些子目标作为过渡，逐步细化。

（3）模块化

一个复杂问题，肯定是由若干简单的问题构成。模块化是把程序要解决的总目标分解为子目标，再进一步分解为具体的小目标，把每一个小目标称为一个模块。

2. "单入口单出口"的控制结构

结构化程序设计主要包括三种基本控制结构：顺序结构、分支结构、循环结构。这三种基本结构都具有唯一入口和唯一出口的特点，并且程序不会出现死循环。

面向对象的程序设计是从 20 世纪 90 年代开始流行的一种编程方法，强调对象的"抽象""封装""继承"和"多态"。面向对象的程序设计方法的基本思想是将任何事物都当作对象，是其所属于对象类的一个实例。

Python 语言完全采用了面向对象的程序设计思想。本章将学习 Python 语言。

4.2　Python 概述

这一节主要包含 Python 语言简介、Python 下载与安装、Python 程序的运行和 Python 的基本语句。

4.2.1　Python 语言简介

Python——英音/ˈpaɪθən/，美音/ˈpaɪθɑːn/，是一种解释型、面向对象的编程语言。它是一种纯粹的自由软件，语法简洁清晰。

作为一个开源语言，Python 拥有大量的库，可以高效地开发各种程序。

Python 语言的特点：简单、高级、面向对象、可扩展性、免费开源、可移植性、丰富的库、可嵌入性。

Python 语言的应用范围：操作系统管理、科学计算、Web 应用、图形用户界面（GUI，Graphical User Interface）开发、其他（游戏开发等）。

Python 目前包含两个主要版本：Python 2 和 Python 3。

Python 2 于 2000 年 10 月发布。Python 3 于 2008 年 12 月发布。Python 3.x 在设计时没有考虑向下兼容，大批用 Python 2.x 版本编写的库函数无法在 3.x 下使用。但至 2015 年初，绝大多数 Python 语言编写的库函数都可以稳定高效地在 Python 3.x 版本下运行。Python 3.x 以后的版本升级将是 Python 语言的未来。因此，Python 的程序员目前毫无疑问地选择 Python 3.x！

Python 语言的实现：Python 解释器。

例如：print "hello"　　#Python 2.x 正确，Python 3.x 错误

　　　print("hello")　　#Python 3.x 正确

4.2.2　Python 下载与安装

本书是基于 Windows 7 sp1 和 Python 3.7 构建 Python 开发平台。

1. 下载

下载 Python 安装程序，需要打开网址：https：//www.python.org/downloads/，根据自己计算机的操作系统，对应下载 32 位或 64 位的安装程序。

2. 安装

这里安装的是 python – 3.7.2 – amd64.exe，对应 64 位操作系统。双击安装程序后，需要先勾选"Add Python 3.7 to PATH"复选框，然后单击"Install Now"，开始安装。如图 4 – 1 所示。

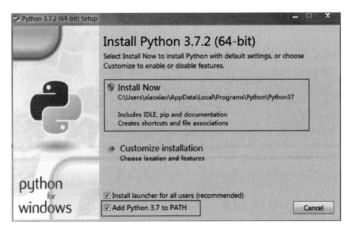

图 4 – 1　Python 程序的初始安装界面

出现如图 4 - 2 所示的界面，表示安装成功，单击 "Close" 按钮关闭窗口。

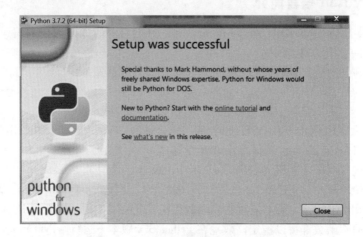

图 4 - 2　Python 程序的成功安装界面

4.2.3　Python 程序的运行

1. 运行 Python 解释器（行命令运行环境）

运行 Python 解释器：单击 "开始" ｜ "所有应用" ｜ Python 3.7 ｜ Python 3.7（64 - bit），如图 4 - 3 所示，Python 解释器的提示符为：>>>。可以在解释器中直接输入命令行，按回车键后，由系统立即执行，输出结果。

例如输入：2 ∗ ∗ 3 + 8% 3 + 10//3

按回车键后，输出运算结果为 13。

说明：

2 ∗ ∗ 3 表示 2 的 3 次方，值为 8；

8% 3 表示 8 取模 3，值为 2；

10//3 表示 10 整除 3，值为 3；

最终运算结果为 8 + 2 + 3 = 13。

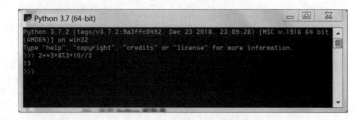

图 4 - 3　Python 解释器

2. 运行 Python 集成开发环境 IDLE

Python 内置的集成开发环境是 IDLE（Integrated Development Environment）。相对于 Python 解释器命令行，集成开发环境 IDLE 提供图形开发用户界面，可以提高 Python 程序的编写效率。

运行 Python 集成开发环境 IDLE：单击 "开始" ｜ "所有应用" ｜ Python 3.7 ｜ IDLE

（Python 3. 7 64 – bit），如图 4 – 4 所示，在集成环境中也可以输入单行命令，按回车键后，由系统立即执行，输出结果。

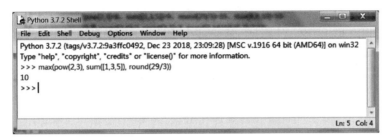

图 4 – 4　Python 集成开发环境 IDLE

例如输入：max(pow(2,3)，sum([1,3,5])，round(29/3))

按回车键后，输出运算结果为 10。

说明：

pow( )是求幂运算函数，pow(2,3)表示求 2 的 3 次方，值为 8；

sum( )是求和函数，sum([1,3,5]) 表示求列表元素 1、3、5 的和，值为 9；

round( )是圆整函数，round(29/3)表示求 29 除以 3 的商，不保留小数位，值为 10；

max( )是求最大值函数，max(8,9,10)表示求 8、9、10 三个数中的最大值；

最终运算结果为 10。

> **注意：**
> round(2. 5) = 2，round(3. 5) = 4，round(3. 1415926,2) = 3. 14
> (round( )圆整函数总是四舍，但不一定五入，而是四舍六入五留双)

3. 运行 Python 的 IDLE 程序编辑器

启动了 IDLE 后，执行"File"菜单中的"New"命令，打开程序编辑器，如图 4 – 5 所示。在编辑器中输入程序，执行"Run"菜单中的"Run Module"命令运行程序。

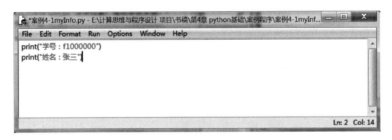

图 4 – 5　Python 的 IDLE 程序编辑器

 案例 4 – 1　编写程序，输出自己的学号姓名。

操作步骤：

（1）启动 IDLE（单击"开始" | "所有应用" | Python 3. 7 | IDLE（Python 3. 7 64 – bit））。

（2）新建源代码文件（File | New File，快捷键【Ctrl + N】）。

（3）输入程序源代码。

（4）保存文件为 myInfo. py（File | Save，快捷键【Ctrl + S】）。

（5）运行程序（Run | Run Module，快捷键【F5】），运行结果如图 4 – 6 所示。

```
Python 3.7.2 Shell

File  Edit  Shell  Debug  Options  Window  Help

Python 3.7.2 (tags/v3.7.2:9a3ffc0492, Dec 23 2018, 23:09:28) [MSC v.1916 64 bit (AMD64)] on win32
Type "help", "copyright", "credits" or "license()" for more information.
>>>
======= RESTART: E:\计算思维与程序设计 项目\书稿\第4章 python基础\案例程序\案例4-1myInfo.py =
=======
学号: f1000000
姓名: 张三
>>>

                                                                           Ln: 7  Col: 4
```

图 4 –6 运行程序界面

4. 2. 4 Python 的基本语句

这一节主要包含 Python 的程序构成、输入函数、输出语句、赋值语句、变量以及运算符与表达式。

 案例 4 –2 编写程序，求圆的周长和面积。

程序如下：

```
'''
本程序计算圆的周长和面积
周长等于直径乘 pi,面积等于半径平方乘 pi
'''
import math                          #导入模块 math
r = float(input("请输入圆的半径: "))    #从键盘输入圆的半径
c = 2*math.pi*r                       #圆的周长
s = math.pi*r*r                       #圆的面积
print("圆的周长为:%.2f"%c)
print("圆的面积为:%.2f"%s)
```

运行结果：

```
请输入圆的半径:5
圆的周长为:31.42
圆的面积为:78.54
>>>
```

1. 程序构成

Python 程序由模块组成，模块对应于后缀为 . py 的源文件；一个 Python 程序由一个或多个模块组成。

在案例 4 –2 程序中，math 为内置模块，需要用 import math 语句导入模块；模块由语句组成，并定义各种标识符意义；程序中调用了 math 模块中的 pi，math. pi 的值为 3. 141 592 653 589 793，数据的有效位数是 16 位；程序中使用了输入语句、赋值语句和输出语句；程序中的注释是对程序的一种解释，不被执行的，单行注释以#开头，多行注释用 3 个单引号开始和结束。

2. 输入函数

在 Python 3. x 中，使用内置函数 input( ) 来接收用户的键盘输入，其语法格式为：

```
变量名 = input("提示信息")
```

input( ) 函数在运行时，首先输出提示信息，然后等待用户从键盘输入，直到用户按回车键结束。

例如：

```
>>> name = input("请输入你的姓名:")
请输入你的姓名:张三
>>> age = input("请输入你的年龄:")
请输入你的年龄:18
```

通过 input( ) 函数输入的内容都是以字符串的形式保存在变量中，这时的 name 和 age 两个变量都是字符串类型，它们不能与其他类型的变量或常量进行算术运算。

例如：若执行语句 age = age + 1，程序会报错。这时可以使用 int( ) 函数将变量 age 的数据类型改变为整型，就可以正常运行。即把语句 age = input("请输入你的年龄:") 改为语句 age = int(input("请输入你的年龄:"))。

3. 输出语句

在 Python 3. x 中，使用 print( ) 函数来输出信息，其语法格式为：

```
print(输出项 1[,输出项 2,...,输出项 n,sep = "分隔符",end = "结束符"])
```

- 方括号中的内容是可选项，需要输出多项内容时，语句中各输出项之间用逗号分隔；
- sep 参数指定输出项之间的分隔符，若缺省，默认分隔符是空格；
- end 参数指定最后输出项后面的结束符，若缺省，默认结束符是换行符。

 案例 4 - 3　print( ) 函数的输出。

程序如下：

```
print("张三","男",20,"学生")          #各输出项之间的默认分隔符是空格
print("李四","男",22,"程序员",sep = ",",end = "; ")
                                   #各输出项之间用逗号分隔,最后分号结束,但不换行
print("共青团员.")
```

运行结果：

```
张三 男 20 学生
李四,男,22,程序员; 共青团员.
>>>
```

另外，print( ) 函数还可以使用格式字符串控制输出形式。其语法格式为：

```
"格式字符"% 输出项
```

格式字符的含义：% s 输出字符串；% d 输出整数；% c 输出字符；

% [w][. p]f 输出总长度为 w、小数位数为 p 的浮点数。

案例 4 - 4　print( ) 函数格式符的使用。

程序如下：

```
name, age, wage ="李四", 21, 4862.887
print("我的姓名是% s" % sname, end =", ")
print("年龄：% sd" % sage, end =", ")
print("性别：% sc, 工资：% s8.2f"% (77, wage ))
```

运行结果：

```
我的姓名是李四，年龄：21，性别：M，工资：　4862.89
>>>
```

程序说明：

①一个赋值语句可以同时对几个变量赋值；

②格式符与后面对应的输出项必须类型一致；

③如果格式中要输出多个值，将对应的输出项放在括号中，并用逗号分隔；

④M 字母的 ASCII 码是 77，chr(77) = "M"，ord("B") =66；

⑤% 8.2f 中的 8 是总长度，输出内容不足 8 位以空格补足；2 是保留两位小数；

⑥如果浮点数格式中的总长度 w 小于数据的实际长度，则以实际长度为准。

4. 赋值语句

赋值语句的作用是对变量进行赋值，其语法格式：变量 = 表达式。赋值语句有以下几点规范：

①赋值语句首先计算表达式，然后将计算结果赋给变量，例如：

```
i = i +1              #先计算表达式 i +1 的值，再将结果赋值给变量 i
x = x/(m +n)          #先计算表达式 x/(m +n)的值，再将结果赋值给变量 x
```

这里的两行语句也可以写成复合赋值语句的形成，例如：

```
i + =1               #等价于 i = i +1
x/ =m +n             #等价于 x = x/(m +n)
```

②一行语句可以同时对多个变量赋值，例如：

```
A,B =5,8; A,B =B,A; C =D ="Shanghai"   (思考：A,B,C,D 的值是什么？)
```

③赋值语句在对变量赋值的同时定义了变量的类型，例如：

```
X =123               #X 是整型
Y =456.78            #Y 是浮点数
Z ="China"           #Z 是字符串
```

④可以对同一个变量赋不同值，变量的类型以最后一次赋值为准，例如：

```
A =123; A =246.88; A ="Hello"    #A 的最终类型是字符串
```

⑤程序的一行中可以写多个短语句，之间用分号分隔，例如：

```
Name ="王小海"; print("Name =",Name)
```

5. 变量

变量是程序中可变的量，变量的命名要遵循一定的规则：

①变量名是由字母或下划线开头的字母、下划线和数字组成。如：Room_1208，_NameList；

②变量名区分英文字母的大小写。如 name 和 Name 是不同的变量；

③不能使用 Python 的关键字用作变量名；（注：可以使用 help() 和 keywords 命令查询关键字）

如：True　False　if　elif　else　and　or　not　for　while

④尽量不使用函数名用作变量名，否则函数在当前程序模块中失效。

如：input　max　min　round　abs　sum　pow

【知识扩展】Python 3 的关键字可以通过以下方法获得。

```
>>> help()
help> keywords

Here is a list of the Python keywords.  Enter any keyword to get more help.

False               class               from                or
None                continue            global              pass
True                def                 if                  raise
and                 del                 import              return
as                  elif                in                  try
assert              else                is                  while
async               except              lambda              with
await               finally             nonlocal            yield
break               for                 not
```

退出帮助系统。

```
help> quit
```

Python 是强类型编程语言，它会根据赋值或运算自动推断变量的类型。因此它只支持相同类型的运算操作。在使用变量进行运算的时候程序员要确定是否合适，以免出现异常。例如：

```
>>> x = 6              #创建整型(int)变量 x,并赋值为 6
>>> y = "hello"        #创建字符串(str)变量 y,并赋值为"hello"
>>> x + y
Traceback (most recent call last):
  File "<pyshell#2>", line 1, in <module>
    x + y
TypeError: unsupported operand type(s) for +: 'int' and 'str'
```

从上例可以看到，整型数据与字符串型数据相加时，系统会报错。

6. 运算符与表达式

运算符一般可分为：算术运算符、关系运算符和逻辑运算符。

（1）算术运算符：+、-、*、/、//、%、**。

幂运算符与幂函数作用相同：$5 ** 3$ 与 $pow(5, 3)$ 的结果都是 125，运算结果都是数字

（2）关系运算符：>、>=、<、<=、==、!=、is、is not、in、not in　运算结果是逻辑值。

Python 允许链式比较：$x < y < z$ 相当于 $x < y$ and $y < z$；$x < y > z$ 相当于 $x < y$ and $y > z$。

（3）逻辑运算符：and、or、not。

逻辑运算符两边的操作数都是逻辑值，运算结果也是逻辑值。

表达式是由变量、常量、函数和运算符组成。表达式按运算符可分成：算术表达式，关系表达式、逻辑表达式。

思考：

假设 x = 5；y = 14；z = 6，则表达式 x ∗ ∗ 2% 7 == y//3 and pow(z, 2) > x + y + z ∗ 3 的结果是什么？表达式 x ∗ y/2 ∗ z > x ∗ y/(2 ∗ z) < x ∗ (y/2)/z 的结果又是什么？

4.3　Python 基本数据类型

Python 基本数据类型主要包括数字类型和字符串类型。其中数字类型又包括整数、浮点数、布尔值和复数。

4.3.1　数字类型

Python 的数字共有 4 种类型：整数（int），浮点数（float）、布尔值（bool）和复数（comflex）。

1. 整数（int）

整数是不带小数的数字，如 – 12、0、100；整数没有长度限制，甚至能表示几百位长度的数据。整数支持4 种数制：十进制、二进制、八进制和十六进制。十进制数可以直接表示，二进制、八进制和十六进制需要前缀：分别用 0b、0o、0x 表示。例如：0b1011 = 11，0o14 = 12，0x2b = 43。

2. 浮点数（float）

浮点数是带小数的数字，如 – 0.4、3.14、3.68e2（即：3.68×10^2）；浮点数有长度限制，计算结果超出上限或下限都会报错。浮点数特殊表示法有：.3 = 0.3，5. = 5.0，124.5e – 3 = 0.124 5。

在 Python 中，不是所有的实数都可以用二进制表示，因此在计算时会有误差；例如：0.1 + 0.3 = 0.4，但 0.1 + 0.2 = 0.300 000 000 000 000 04，因此，判定表达式 0.1 + 0.2 == 0.3 的结果不是 True！这里，" == " 是关系运算符，用来判断左右两边的数是否相等。

3. 布尔值（bool）

布尔值就是逻辑值，只有两种：True 和 False，分别表示真和假。True 和 False 是关键字，不能用来命名变量。布尔值实质就是数字 1 和 0，True 等于 1，False 等于 0。

4. 复数（complex）

复数与数学中的复数形式完全一致，都是由实部（real）和虚部（imag）组成，并且使用 j 或 J 表示虚部。如 a + bj 被称为复数，其中，a 是实部，b 是虚部。

例如 2 + 3j，j ∗ j = – 1，j = $\sqrt{-1}$

(2 + 3j) ∗ (2 – 3j) = 2 ∗ 2 – 3j ∗ 3j = 4 – 9 ∗ (– 1) = 13

(2 – 3j). real = 2.0

(2 – 3j). imag = – 3.0

4.3.2　数字类型的操作

本节主要列出常见的算术运算符和常用的数字运算内置函数。

1. 算术运算符

算术运算符也即数学运算符，用来对数字进行数学运算，比如加（+）、减（−）、乘（*）、除（/）。另外，Python 还支持整除（//）运算符，只保留结果的整数部分，舍掉小数部分。取余（%）运算符，返回两数相除的余数。幂运算（**）运算符，返回 x 的 y 次幂。如表 4−1 所示。

表 4−1　算术运算符

运算符	含　义	使用及描述	举　例
+	加	x + y，x 与 y 之和	3 + 4 结果是 7
−	减	x − y，x 与 y 之差	5 − 2 结果是 3
*	乘	x * y，x 与 y 之积	2 * 3 结果是 6
/	除	x/y，x 与 y 之商	10/3 结果是 3.33333333333335
//	整除	x//y，x 与 y 之整数商	10//3 结果是 3
%	取余	x % y，返回除法的余数	10 % 3 结果是 1
**	幂运算	x * * y，幂运算，x 的 y 次幂	2 * * 3 结果是 8
+	一元 +	+x，x 本身	若 x = 5，则 +x 结果是 +5
−	一元 −	−x，x 的负值	若 x = 5，则 −x 结果是 −5

2. 数字运算内置函数

Python 内置了一系列常用函数，以便于程序设计人员使用。调用内置函数时不需要导入任何模块。关于常用的数字运算内置函数及其功能，如表 4−2 所示。

表 4−2　数字运算内置函数

数字运算内置函数	功能与举例
abs(x)	返回 x 的绝对值 如：abs(−6.8) 结果为 6.8
divmod(x,y)	返回 x 除以 y 的商和余数(x//y,x % y) 如：divmod(10,3) 结果为 (3,1)
pow(x,y[,z])	返回 x 的 y 次幂再除以 z 的余数(x * * y) % z,[..]表示参数 z 可省略 如：pow(2,pow(2,3),10) 结果为 6
round(x[,d])	对 x 求四舍五入,d 是保留小数位数,可缺省,默认值为 0 如：round(−12.163,1) 结果为 −12.2
max(x₁,x₂,…,xₙ)	返回 $x_1,x_2,\cdots,x_n$ 中的最大值,n 不限 如：max(1,6,8,5,2) 结果为 8
min(x₁,x₂,…,xₙ)	返回 $x_1,x_2,\cdots,x_n$ 中的最小值,n 不限 如：min(1,6,8,5,2) 结果为 1
int(x)	将 x 变成整数,舍弃小数部分 如：int(123.678) 结果为 123；int("123") 结果为 123

续表

数字运算内置函数	功能与举例
float(x)	将 x 变成浮点数,增加小数部分 如:float(15) 结果为 15.0;float("1.234") 结果为 1.234
complex(x)	将 x 变成复数,增加虚数部分 如:complex(5) 结果为(5 + 0j)

案例 4 - 5　输入三个浮点数,求出它们的平均值、标准差、最大值和最小值。(要求:平均值保留一位小数,标准差保留两位小数。)

案例分析:

①导入 math 模块;

②从键盘输入三个浮点数 x,y,z;

③求平均数:$Mean = (x + y + z)/3$;

④求标准差:$Standard\_D = math.sqrt(((Mean - x)**2 + (Mean - y)**2 + (Mean - z)**2)/3)$;

⑤求出最大值和最小值:$Max\_N = max(x,y,z)$、$Min\_N = min(x,y,z)$;

⑥输出运算结果。

程序如下:

```
import math
x = float(input("请输入 x: "))
y = float(input("请输入 y: "))
z = float(input("请输入 z: "))
Mean = (x + y + z)/3
Standard_D = math.sqrt(((Mean - x)** 2 + (Mean - y)** 2 + (Mean - z)** 2)/3)
Max_N = max(x,y,z)
Min_N = min(x,y,z)
print("平均值 = %.1f"% Mean, "标准差 = % .2f"% Standard_ D, sep = ", ",end = ", ")
print("最大值 = ", Max_N," 最小值 = ", Min_N)
```

运行结果:

```
请输入 x: 2.34
请输入 y: 5.6
请输入 z: 3.548
平均值 = 3.8, 标准差 = 1.35, 最大值 = 5.6    最小值 = 2.34
>>>
```

4.3.3　字符串类型

Python 的字符串是字符的序列表示,可以由一对单引号,双引号或三个单引号作为定界符。例如:

```
'Python 程序设计', "It's me", '''Week_ End_ 123''',
```

在实际的使用中,要注意:

● 当字符串中有双引号时,最好用单引号作为定界符;

● 当字符串中有单引号时，最好用双引号作为定界符；

● 三个单引号一般用于多行字符串，特别是用于程序中的注释。

本节主要介绍字符串索引和切片、转义字符、字符串操作符、字符串处理函数和方法等内容。

1. 字符串索引

字符串好比是一个 RAPTOR 中的数组，每一个字符就是一个下标变量，只是它的下标是从 0 开始正向递增序号，而且还可以从 −1 开始反向递减序号。如表 4 − 3 所示。

表 4 − 3　字符串序号

反向递减序号						
− 7	− 6	− 5	− 4	− 3	− 2	− 1
w	e	l	c	o	m	e
0	1	2	3	4	5	6
正向递增序号						

字符串的索引就是返回其中的单个字符，格式为：＜字符串＞[序号]，例如：

```
s = "welcome".
s[0]是'w',表示字符串的第 1 个字符
"welcome"[3]是'c',表示字符串的第 4 个字符
s[-1]是'e',表示字符串的最后一个字符
"welcome"[-7]是'w',表示字符串的倒数第 7 个字符
```

2. 字符串切片

字符串切片是返回字符串中的一段字符子串，格式为：＜字符串＞[序号 1：序号 2：步长]。其中，序号 1 表示切片的开始位置（默认为 0），序号 2 表示切片的截止位置（但不包括这个位置，默认为字符串总长度），步长表示取字符的间隔（默认为 1）。例如：

```
s = "welcome"
s[1:3]表示第 1 ~ 2 位置的字符:'el'
s[:4]表示第 0 ~ 3 位置的字符:'welc'
s[3:]表示第 3 ~ 6 位置的字符:'come'
s[1:6:2]表示从第 1 到第 6 个位置取字符,间隔为 2,即第 1、3、5 位置的字符:'ecm'
s[:: -1]步长 -1 表示字符串倒序:'emoclew'
```

3. 转义字符

特殊符号（不可打印字符）可以使用转义字符系列表示。转义字符是以反斜杠" \ "开始，紧跟一个字母表示。如" \n"表示换行，" \t"表示制表符。如表 4 − 4 所示

表 4 − 4　转义字符

转义序列	字　　符
\'	单引号
\"	双引号
\\	反斜杠
\n	回车换行
\t	制表符

例如：

```
>>> ss = 'a \tb \tc \td \t'
>>> print (ss)
a   b   c   d
```

例如：

```
>>> s = 'hello\nmy dear!'
>>> print (s)
hello
my dear!
```

4. 字符串操作符

字符串的操作符有："＋""＊""in"，其中：

① "＋"号连接两个字符串，例如：

"Good" + "morning!"，结果为"Good morning!"

② "＊"号复制 n 个字符串，例如：

n = 3; print ("Good"＊n)，结果为"Good Good Good"

这在连续打印图形时特别有用。

③ "in"判断是否为子串：如果是子串结果为 True，否则为 False，例如：

"an"in"Shanghai"，结果为 True　　"Y"in"My"，结果为 False

5. 字符串处理函数和方法

本节主要列出常见的字符串处理函数和字符串处理方法，如表 4－5 和表 4－6 所示。

表 4－5　字符串处理函数

字符串函数及使用	描述及举例
len(x)	返回字符串 x 的长度 如：len(" 一二三 456")结果为 6
str(x)	将任意类型 x 转化为字符串形式 如：str(1. 23)结果为'1. 23 '
hex(x) 或 oct(x)	返回整数 x 的十六进制或八进制小写形式字符串 如：x = 123，则 hex(x)结果为'0x7b ' oct(x) 结果为'0o173 '
chr(x)	x 为 ASCII 编码，返回其对应的 ASCII 字符 如：x = 98，则 chr(x)的结果为'b '
ord(x)	x 为 ASCII 字符，返回其对应的 ASCII 编码 如：x = 'A '，则 ord(x)的结果为 65

表 4－6　字符串处理方法

字符串方法及使用	描述及举例
str. lower() 或 str. upper()	返回字符串 str 的副本，全部字符小写/大写 如：" AbCdEfGh" . lower()结果为" abcdefgh"
str. split(sep = None)	返回一个列表，列表元素由字符串 str 根据 sep 被分隔的部分组成 如："A,B,C". split(",")结果为['A ', 'B ', 'C ']

续表

字符串方法及使用	描述及举例
str. count(sub)	返回子串 sub 在字符串 str 中出现的次数 如:"an apple a day" . count("a") 结果为 4
str. replace(old,new)	返回字符串 str 副本，所有 old 子串被替换为 new 子串 如:"python" . replace("p","hello p") 结果为 "hello python "
str. center(width[,fillchar])	字符串 str 根据宽度 width 居中，fillchar 可选 如:"python" . center(20," =") 结果为 '= = = = = = =python= = = = = = ='
str. strip(chars)	在字符串 str 中去掉在其左侧和右侧 chars 中列出的字符 如:" =python = " . strip(" =np") 结果为 "ytho"
str. join(iter)	在字符串 iter 除最后元素外的每个元素后增加一个 str，主要用于字符串分隔等 如:"," . join("12345") 结果为 "1,2,3,4,5"

案例 4 - 6　已知 x = 1234567890，请使用字符串运算，将 x 的值转换成字符串赋给 s，并将 s 的倒序字符串赋给 s1，奇数字符赋给 s2，偶数字符赋给 s3，前 3 个字符和后 3 个字符赋给 s4，中间 4 个字符赋给 s5，第一个和最后一个重复 3 次赋给 s6，前面两个和最后两个转换成数字赋给 y，最后输出 s，s1，s2，s3，s4，s5，s6，x 和 y。

程序如下：

```
x =1234567890
s = str(x)                      #整数 x 转字符串 s
s1 = s[:: -1]                   #获取 s 的倒序
s2 = s[0::2]                    #截取 s 中的奇数
s3 = s[1::2]                    #截取 s 中的偶数
s4 = s[:3] + s[7:];s5 = s[3:7]  #截取 s 中前三位和后三位和中间四位
s6 = s [::9]*3                  #截取 s 中的第一位和最后一位，并重复 3 次
y = int((s[:2] + s[8:]))        #截取 s 中的前二位和最后两位，并转换成整数
print (s,s1,s2,s3,s4," \ n",s5,s6,x,y,sep=",")
```

运行结果：

```
1234567890,0987654321,13579,24680,123890,
,4567,101010,1234567890,1290
>>>
```

4.4　Python 组合数据类型

在许多实际应用中，需要存储或操作一组相关的数据，如 Raptor 中的数组。Python 没有数组概念，而是提供了 4 种组合型数据类型：列表（list）、元组（tuple）、字典（dict）、集合（set）。本书主要讲解列表，元组、字典和集合略作介绍。

4.4.1 列表（list）

列表是可以存储多个数值的组合型数据，列表中的各个元素可以是任何类型。列表中的元素是有序的，通过序号的索引可以访问其中某个元素，通过切片截取若干个元素。列表和字符串很相似，它们的重要区别是列表中元素的内容可以被更改，而字符串不能。列表中的元素可以添加或删除，也可以根据需要进行排序。列表的语法格式为：

```
[元素 1,元素 2,…,元素 n]        方括号为定界符
```

例如：

```
[]                              #表示一个空列表
[1,2,3,4,5]
['张三','男',49,6895.88,'13891684458']
```

1. 列表变量的创建

如同其他类型的 Python 对象一样，使用赋值运算符"="直接将一个列表赋值给变量。

例如：

```
>>> list1 = []                #创建空列表 list1
>>> list2 = [1,2,'a','b']     #创建包含四个元素的 list2 列表
```

列表允许嵌套，即列表中的元素也可以是列表。例如：

```
>>> name1 = ["张三", '男', [78, 93]]
>>> class1 = [["张三", 78, 93], ["李四", 88, 79]]
```

可以使用 list（字符串）函数将字符串或其他类型的对象转换为列表。例如：

```
>>> list("歌唱祖国")
['歌', '唱', '祖', '国']
>>> list("hello")
['h', 'e', 'l', 'l', 'o']
```

2. 列表元素的访问

可以通过下标索引的方法直接访问列表中的元素。列表的下标是从 0 开始，到列表总长度减 1。例如：n 个元素的列表，总长度为 n，第一个元素的下标为 0，第二个为 1，最后一个为 n – 1。列表元素及其下标可以正向表示，也可以逆向表示。

例如 list1 = [2,4,6,8,10,12,14]，list1 中每个元素对应的序号如表 4 – 7 所示。

表 4 – 7　列表元素的序号

反向递减序号	– 7	– 6	– 5	– 4	– 3	– 2	– 1
列表元素	2	4	6	8	10	12	14
正向递增序号	0	1	2	3	4	5	6

所以，list1[3]的内容为 8，list1[-2]的内容为 12。如果指定下标不存在，则抛出异常提示下标出界。例如：list1[7]，list1[-8]就会出现异常提示。

列表还可以通过访问下标来改变列表中对应元素的值。例如：

```
>>> list1 = [2,4,6,8,10,12,14]
>>> list1[3] = 30              #将 list1 列表中的元素 8 改成 30
>>> list1
[2, 4, 6, 30, 10, 12, 14]
```

3. 列表的切片

列表切片的语法格式为：

```
列表名[n:m:k]
n 表示切片开始的位置（默认为 0）
m 表示切片截止的位置（但不包括这个位置，默认为列表长度）
k 表示切片的步长（":k" 可省略，省略则默认为 1）
```

可以使用切片来截取列表中的任意部分，得到一个新列表。注意切片操作不会因下标越界而抛出异常，而是在列表尾部截断或返回空列表，代码具有更强的健壮性。

 案例 4 - 7 列表切片的操作。

程序如下：

```
list1 = [1, 2, 3, 4, 5, 6, 7, 8, 9,10]
list2 = list1[::2]           #生成一个奇数的列表: [1, 3, 5, 7, 9]
list3 = list1[1::2]          #生成一个偶数的列表: [2, 4, 6, 8, 10]
list4 = list1[::-1]          #生成倒序的列表: [10, 9, 8, 7, 6, 5, 4, 3, 2, 1]
list5 = list1[2:8]           #截取中间 6 个元素组成新的列表: [3, 4, 5, 6, 7, 8]
list6 = list1[:3] + list1[7:] #原列表的前后各 3 个组成一个新列表: [1, 2, 3, 8, 9, 10]
print(list1,list2,list3,list4,list5,list6,sep = " \ n")
```

运行结果：

```
[1, 2, 3, 4, 5, 6, 7, 8, 9, 10]
[1, 3, 5, 7, 9]
[2, 4, 6, 8, 10]
[10, 9, 8, 7, 6, 5, 4, 3, 2, 1]
[3, 4, 5, 6, 7, 8]
[1, 2, 3, 8, 9, 10]
>>>
```

4. 列表对象的方法

可以通过列表对象的一些方法对列表元素进行增加、删除、排序等操作。列表对象常用的方法如表 4 - 8 所示。

表 4 - 8 列表对象的常用方法

方　　法	说　　明
index(x)	获取指定元素的下标
count(x)	统计指定元素在列表中出现的次数
extend(L)	在列表尾部添加新列表中的元素
append(x)	在列表尾部添加新的单个元素

方　　法	说　　明
insert(i，x)	在列表指定位置插入一个元素
pop(i)	删除并返回指定位置上的元素
remove(x)	删除首次出现的指定元素
clear()	删除列表中的所有元素
sort()	对列表进行排序

下面分别用不同的方法进行实例操作。

①使用列表对象的 index(x) 方法可以获取指定元素的下标，语法为：index(value,[start,[stop]])，其中 start 和 stop 用来指定搜索范围，start 默认为 0，stop 默认为列表长度。若列表对象中不存在指定元素，则抛出异常指示列表中不存在该值。例如：

```
>>> list1 = [2,4,6,8,10,12,14]
>>> list1.index(10)
4
```

②使用列表对象的 count(x) 方法可以统计指定元素在列表中出现的次数。例如：

```
>>> list1 = [2,4,6,8,10,12,14]
>>> list1.count(6)
1
```

③使用列表对象的 extend(L) 方法，在列表尾部添加新列表中的元素。例如：

```
>>> list1 = [2, 4, 6]
>>> list1.extend([9, 10, 11])
>>> list1
[2, 4, 6, 9, 10, 11]
```

④使用列表对象的 append(x) 方法，在列表尾部添加新的单个元素。与 extend() 方法不一样，如果该元素是列表，append(x) 将整个列表作为一个元素添加在最后。例如：

```
>>> list1 = [2,4,6]
>>> list1.append(8)
>>> list1
[2, 4, 6, 8]
>>> list1.append([9, 10, 11])
[2, 4, 6, 8, [9, 10, 11]]
```

⑤使用列表对象的 insert(i，x) 方法，在列表指定位置插入一个元素，其他元素向后移动。例如：

```
>>> list1 = [2,4,6]
>>> list1.insert(1,3)
>>> list1
[2, 3, 4, 6]
```

当 i 大于总长度时，就与 append() 方法一样，在末尾添加元素：

```
>>> list1. insert (6, 8)
[2, 3, 4, 6, 8]
>>> list1. insert (6, [9, 10, 11])
[2, 3, 4, 6, 8, [9, 10, 11]]
```

⑥使用列表对象的 pop(i) 方法删除并返回指定位置上的元素，默认为最后一个元素。如果给定的索引超出列表的范围，则抛出异常。例如：

```
>>> list1 = [2, 4, 6, 8, 9, 10, 11]
>>> list1. pop ()
11
>>> list1. pop (4)
9
>>> list1
[2, 4, 6, 8, 10]
```

⑦使用列表对象的 remove(x) 方法删除首次出现的指定元素，如果列表不存在要删除的元素，则抛出异常。例如：

```
>>> list1 = [2,4,6,4,9,4,11]
>>> list1. remove (4)
>>> list1
[2, 6, 4, 9, 4, 11]
```

⑧使用列表对象的 clear() 方法删除列表中的所有元素。例如：

```
>>> list1 = [2,4,6,4,9,4,11]
>>> list1. clear ()
>>> list1
[]
```

⑨使用列表对象的 sort(key = None, reverse = False) 对列表进行排序。key 是排序的方式，默认值按大小排序；reverse 是排序的顺序，默认值是升序，reverse = True 是降序。例如表 4 - 9 所示。

表 4 - 9　列表对象的 sort() 方法

sort()	sort(reverse = True)

>>> list1 = [21, 3, 5, 42, 12, 36, 17]
>>> list1. sort()
>>> list1
[3, 5, 12, 17, 21, 36, 42]
>>> list2 = [" china" ," xian" ," shanghai"]
>>> list2. sort(key = len)
>>> list2
['xian ', 'china ', 'shanghai ']
	>>> list1 = [21, 3, 5, 42, 12, 36, 17]
	>>> list1. sort(reverse = True)
	>>> list1
	[42, 36, 21, 17, 12, 5, 3]
	>>> list2 = [" china" ," xian" ," shanghai"]
	>>> list2. sort(key = len, reverse = True)
	>>> list2
	['shanghai ', 'china ', 'xian ']

📝 **案例 4 - 8**　给出 3 个同学的英语和计算机的成绩，计算两门成绩的平均分放在相应记录的后面，并按平均分降序排序后输出。

程序如下：

```
mark = [["张三", 87, 65], ["李四", 98, 89], ["王五", 78,93]]
mark[0]. append((mark[0][1] + mark[0][2])/2)
mark[1]. append((mark[1][1] + mark[1][2])/2)
mark[2]. append((mark[2][1] + mark[2][2])/2)
print("排序前: \n",mark[0]," \n",mark[1]," \n",mark[2])
                          #设置 key 的排序方式,按记录中的第四个元素(平均分)降序排序
mark. sort(key = lambda x: x[3], reverse = True)    #lambda 是一个匿名函数,是固定写法
print("排序后: \n",mark[0]," \n",mark[1]," \n",mark[2])
```

运行结果：

```
排序前:
['张三', 87, 65, 76.0]
['李四', 98, 89, 93.5]
['王五', 78, 93, 85.5]

排序后:
['李四', 98, 89, 93.5]
['王五', 78, 93, 85.5]
['张三', 87, 65, 76.0]
>>>
```

5. 列表的内置函数

Python 提供了一些内置函数，使用内置函数对列表操作可以快速得到需要的结果。常用的内置函数如表 4 – 10 所示。

表 4 – 10   列表的常用内置函数

函 数 名	功　　能	举　　例
len( )	返回列表的长度	举例:
sum( )	对数值型列表的元素进行求和运算	list1 = [1,2,3,4,5] len(list1) 结果为 5 sum(list1) 结果为 15
max( )	返回列表中的最大元素	max(list1) 结果为 5
min( )	返回列表中的最小元素	min(list1) 结果为 1

4.4.2　元组（tuple）

元组也是 Python 的一个重要序列结构，但它属于不可变序列。元组一旦创建，用任何方法都不可以修改其元素的值，也不能进行增加或删除操作，如果确实要修改，只能再创建一个新的元组。

元组的定义，采用圆括号 "（" 和 "）" 完成。例如：

```
>>> tuple1 = (1,2,3)
>>> tuple1
(1, 2, 3)
>>> tuple2 = ()
>>> tuple2
()
```

要注意如果某元组中只有一个元素，则要在这个元素后面加个"，"。例如：

```
>>> a = (3)
>>> a                        #此时 a 是整数类型 int
3
>>> a = (3,)
>>> a                        #此时 a 是元组类型 tuple
(3,)
```

4.4.3　字典（dict）

字典是"键－值对"的无序可变序列。字典中的每个元素包含两部分："键"和"值"。定义字典的时候，每个元素的"键"和"值"用冒号分隔，相邻元素之间用逗号分隔，所有的元素放在一个"{ }"中。例如：

```
dict1 = {1:'apple',2:'pear',3:'banana'}
dict2 = {}
```

1. 字典的访问

①使用下标的方式来访问字典中的元素，在字典中下标就是字典的"键"。如果"键"不存在则抛出异常。如：

```
>>> dict1 = {1:'apple',2:'pear',3:'banana'}
>>> dict1[1]
'apple'
>>> dict1[3]
'banana'
```

②使用 get( ) 方法可以获得指定"键"对应的"值"。

```
>>> dict1.get(1)
'apple'
```

③使用 items( ) 方法可以返回字典的"键－值对"列表，使用字典对象的 keys( ) 方法可以返回字典的"键"列表，使用字典对象的 values( ) 方法可以返回字典的"值"列表。例如：

```
>>> dict1 = {1:'apple',2:'pear',3:'banana'}
>>> dict1.items()
dict_items([(1, 'apple'), (2, 'pear'), (3, 'banana')])
>>> dict1.keys()
dict_keys([1, 2, 3])
>>> dict1.values()
dict_values(['apple', 'pear', 'banana'])
```

2. 字典元素的添加与修改

当以指定"键"为下标的值为字典元素赋值时，若该"键"存在，则直接修改该"键"的值为新值，若不存在，则添加一个新的"键－值对"元素。例如：

```
>>> dict1 = {1:'apple',2:'pear',3:'banana'}
>>> dict1[4] = 'grape'
>>> dict1
```

```
{1:'apple',2:'pear',3:'banana',4:'grape'}
>>> dict1[2] = 'peach'
>>> dict1
{1:'apple',2:'peach',3:'banana',4:'grape'}
```

4.4.4 集合（set）

集合是无序可变序列。它由花括号作为界定符，内部元素以逗号分隔。注意：集合中的每个元素都是唯一的，重复的元素会被删除。例如：

```
>>> set1 = {1,3,2.5,6,"women"}
>>> set1
{1, 2.5, 3, 6, 'women'}
>>> set1 = {1,3,3,3,4,5,6}
>>> set1
{1, 3, 4, 5, 6}
```

4.5 程序的控制结构

在 Python 程序中，对语句的执行包括 3 种基本控制结构：顺序结构、分支结构和循环结构。

4.5.1 顺序结构

顺序结构是最简单的结构，它只需按代码的先后顺序执行，所以程序设计人员在编写程序的时候根据执行顺序依次写出相应的语句即可。

 案例 4 – 9 输入一个整数 a 和一个浮点数 b，计算(a – b) * (a + b)的值。

程序如下：

```
a = int(input("请输入 a:"))
b = float(input("请输入 b:"))
result = (a - b)* (a + b)
print("结果为",result)
```

运行结果：

```
请输入 a:1
请输入 b:4
结果为 -15.0
>>>
```

4.5.2 分支结构

对于一些复杂的程序，只有顺序结构是不够的，因为程序在执行过程中可能会需要根据不同的情况选择性地执行一部分语句。这样的结构称为选择结构，也叫分支结构。Python 程序中常见的分支结构有单分支结构、双分支结构、多分支结构以及嵌套分支结构。

1. 单分支结构

单分支结构是只对一种情况进行判定，且仅当判定表达式成立的时候执行语句块。其结构使用 if 语句实现，语法格式为：

```
f 表达式：
    语句块
```

 注意：

①关键字 if 与表达式之间用空格分隔，表达式后接冒号；

②语句块可以是一条语句或多条语句，块中的所有语句都缩进 4 个空格；

③当表达式为真（非 0）时执行语句块，否则不执行。

案例 4 – 10 从键盘输入两个整数，从大到小排序输出。

程序如下：

```
m,n = int(input("m = ")),int (input("n = "))        #输入 m,n 的值
if m < n:
    m,n = n,m                                        #如果 m < n,则交换 m,n 的值
print(m, n, sep = ", ")
```

运行结果：

```
m = 33
n = 66
66, 33
>>>
```

2. 双分支结构

双分支结构跟单分支结构相似，也是只对一种情况进行判定，但是其在判定表达式成立的时候执行语句块 1，而当判定表达式不成立的时候则执行语句块 2。双分支结构使用 if – else 语句实现，其语法格式为：

```
if 表达式：
    语句块 1
else：
    语句块 2
```

 注意：

①关键字 if 与表达式之间用空格分隔，表达式后接冒号，语句块中的语句都缩进 4 个空格，else 也后接冒号；

②当表达式为真（非 0）时执行语句块 1，否则执行语句块 2。

案例 4 – 11 判断输入的年份是否是闰年？闰年的条件为："能够被 4 整除并且不能被 100 整除"或者"能被 400 整除"。

案例分析：

这里判定闰年的条件较复杂，可以在表达式中使用关键字"and"来表示同时满足两个条件，或者用关键字"or"来表示多个条件只需满足一个条件，结果就会成立。

程序如下：

```
year = int(input("请输入年份: "))
if (year% 4 = =0 and year%100! =0) or (year%400 = =0):
    print("你输入的%d是闰年"%year)
else:
    print(year,"不是闰年")
```

运行结果：

```
请输入年份: 2020
你输入的 2020 是闰年
>>>
```

再次运行程序结果为：

```
请输入年份: 2019
2019 不是闰年
>>>
```

3. 多分支结构

多分支结构用于处理多条件的情况，当某个表达式为真时执行相应的语句块。多分支结构使用 if – elif – else 语句实现，其语法格式为：

```
if 表达式1:
    语句块1
elif 表达式2:
    语句块2
...
elif 表达式 n:
    语句块 n
else:
    语句块 n+1
```

注意：

①关键字 if 与表达式之间用空格分隔，表达式后接冒号，语句块中的语句都缩进4个空格；

②关键字 elif 与表达式之间用空格分隔，表达式后接冒号，语句块中的语句都缩进4个空格；

③关键字 else 后接冒号，而 elif 后面没有冒号！

案例4-12　输入学生的成绩 score，输出分数对应的等级。规定分数在90以上为优秀，80~89为良好，70~79为中等，60~69为合格，小于60为不合格。

程序如下：

```
score = float(input("请输入成绩: "))
if score > =90 and score < =100:
    print("优秀")
elif score > =80 and score <90:
    print("良好")
elif score > =70 and score <80:
    print("中等")
```

```
elif score > =60 and score <70:
    print("合格")
elif score > =0 and score <60:
    print("不合格")
else:
    print("输入的成绩有误")
```

运行结果:

```
请输入成绩:88
良好
>>>
```

4. 嵌套分支结构

当有多个条件需要满足,并且条件之间有递进关系时,可以使用分支的嵌套结构。嵌套分支指的是 if – else 等语句里面再包含 if – else 等语句,其语法格式为:

```
if 表达式 1:
    if 表达式 11:          #内嵌 if 语句
        语句块 1
    else:
        语句块 2
else:
    if 表达式 22:          #内嵌 if 语句
        语句块 3
    else:
        语句块 4
```

案例 4 – 13　输入性别和年龄,判断是否达到合法结婚年龄。我国婚姻法规定,男性 22 岁为合法结婚年龄,女性 20 岁为合法结婚年龄。

案例分析:

首先要用双分支判断性别,再用递进的双分支结构判断年龄,并输出结果。

程序如下:

```
sex = input("请输入性别(M 或 F): ")
age = int(input("请输入年龄(1 – 100): "))
if sex = = "M" or sex = = "m":
    if age > =22:
        print("到达合法结婚年龄")
    else:
        print("未到合法结婚年龄")
elif sex = = "F" or sex = = "f":
    if age > =20:
        print("到达合法结婚年龄")
    else:
        print("未到合法结婚年龄")
else:
    print("性别输入不正确")
```

运行结果:

```
请输入性别(M或F):m
请输入年龄(1-100):18
未到合法结婚年龄
>>>
```

📝 **案例 4－14**　某水族馆门票规定:成人（18 岁以上）或身高超过 1.5 米的儿童全票;身高超过 1.2 米的儿童半票,其他免票。

案例分析:

①输入年龄 age;

②如果年龄 >=18,则全票;

③否则,输入身高,如果身高 >=1.5 米则全票;

④否则,如果身高 >=1.2 米则半票;否则免票。

程序如下:

```
age = int(input("年龄 = "))
if age >=18:
    print("需要购买全票")
else:
    height = float(input("身高(米) = "))
    if height > 1.5:
        print("需要购买全票")
    else:
        if height >=1.2:
            print("需要购买半票")
        else:
            print("免票")
```

运行结果:

```
年龄 =12
身高(米) =1.4
需要购买半票
>>>
```

📝 **案例 4－15**　输入 3 个数,判断是否能组成三角形。如果可以组成三角形,则输出三角形是等边三角形、等腰三角形、直角三角形、还是普通三角形。

案例分析:

①构成三角形的必要条件是任意两条边的边长之和必须大于第三条边的边长;

②等边三角形的三条边的边长都相等;

③等腰三角形的任意两条边的边长相等;

④直角三角形的任意两条边长的平方之和等于第三条边长的平方;

⑤否则就是其他普通三角形。

程序如下：

```
a = int(input("a = "))
b = int(input("b = "))
c = int(input("c = "))
if a + b > c and a + c > b and b + c > a:          #判断任意两边之和是否大于第三边
    if a = = b and b = = c and c = = a:            #判断三个边是否相等
        print("等边三角形")
    elif a = = b or b = = c or c = = a:            #判断任意两个边是否相等
        print("等腰三角形")
    elif a*a + b*b = = c*c or a*a + c*c = = b*b or b*b + c*c = = a*a:
        print("直角三角形")
    else:
        print("普通三角形")
else:
    print("输入的三个数不能构成三角形")
```

运行结果：

```
a = 3
b = 4
c = 5
直角三角形
>>>
```

4.5.3　循环结构

在问题求解过程中，会有许多重复的有规律的操作，因此在程序中就需要重复执行某些语句块，这样的结构称为循环结构。例如，从键盘输入若干个数据、求多个数的累加和，以及进行迭代运算等，都需要重复执行一段相同的程序，这些重复执行的程序就是循环结构中的循环体，其中的循环条件、循环变量等都会在循环中变化。

Python 提供了 while 语句和 for 语句来实现循环结构，以满足不同的循环需求。

1. while 语句

while 语句是通过判断循环条件来决定是否继续循环，条件满足时执行循环，否则结束循环。其语法格式为：

```
while 表达式:
    语句块
```

📢 注意：

①表达式表示循环条件，后面必须加冒号；

②语句块是重复执行的语句，称为循环体；

③语句块可以是一条语句或多条语句，语句块中的所有语句都缩进 4 个空格。

📝 案例 4 - 16　【企业产值预期】某电商平台在当年的销售额为 1 000 万元，根据企业目标管理，计划以后每年递增 8.5%。请设计一个小程序，计算出该企业的销售额在哪一年可以实现翻一番，并输出达到翻番目标的年份和销售额。

案例分析：

①销售额哪年能翻番不能确定，也就是循环次数不能确定，因此采用 while 语句来计算销售额翻番的年份；

②当预期销售额大于等于原来销售额的 2 倍的时候，实现了翻番，退出循环。

程序如下：

```
year = int (input ("请输入开始年份: "))
s0 = s1 = int (input ("请输入当年销售额: "))
rate = float (input ("请输入年增长率: "))
while s1 < s0*2:                              #当销售额超过初始销售额的 2 倍时循环停止
    s1 = s1 * (1 + rate)
    year = year + 1
print ("年份:", year, "  产值为:%.2f"%s1)
```

运行结果：

```
请输入开始年份: 2020
请输入当年产值: 1000
请输入年增长率: 0.085
年份为: 2029   产值为: 2083.86
>>>
```

📝 **案例 4 - 17**　利用随机函数产生一个 1 ~ 100 以内的正整数，并从键盘输入一个猜数，并判断这个猜数是否等于随机数。当大于随机数时输出"太大"，当小于随机数时输出"太小"，直到猜数等于随机数时停止循环，并输出"猜中了!"。

案例分析：

①产生随机数的函数是在 random 模块中的，因此首先要导入这个模块；

②random. random ( ) 函数产生一个 [0,1] 范围内的随机实数；

③random. randint (a, b) 函数产生一个 [a,b] 范围内的随机整数；

④循环次数不能确定，因此采用 while 语句。确定循环成立的条件 num! = guess；

⑤循环体中使用双分支结构比较 num 和 guess 的大小，并输出不同结果。同时，再次输入一个猜的数。

⑥当输入猜的数等于随机数时，表示"猜中了"，退出循环。

程序如下：

```
import random                              #导入随机数模块
guess = random. randint (1,100)            #产生一个 1 到 100 之间的随机整数
num = int (input ("请输入一个整数: "))       #输入一个猜数
while num! = guess:                        #当输入的数不等于 guess 时,执行循环体
    if num < guess: print ("太小")
    else:   print ("太大")
    num = int (input ("请输入一个整数: "))    #再次输入猜数,重复进行判断
print ("猜中了! ")                          #当两个数相等于时结束循环,并输出"猜中了"
```

运行结果：

```
请输入一个整数:55
太大
请输入一个整数:20
太小
请输入一个整数:34
猜中了!
>>>
```

程序说明：

①num！= guess 是循环条件，当条件成立时执行循环；

②if num < guess：print（"太小"）

　　else：print（"太大"）num = int(input("请输入一个整数："))是循环体；

③在条件语句中，冒号后面可直接跟一个或多个短语句，短语句之间用分号分隔。

2. for 语句

for 语句是一种计数循环，一般适用于已知循环次数的循环，例如计算 1 到 100 的累加和，已知需要运行 100 次循环，则适合使用 for 语句。for 语句从可迭代对象（字符串、列表和迭代器等）的头部开始，依次选择第一个元素进行操作，直到最后一个元素结束，这种处理被称为"遍历"。其语法格式为：

```
for 循环变量 in 序列:
    循环体
```

注意：

　　for 语句的执行过程是，每次循环时首先判断循环变量是否已经取完序列中的最后一个元素，如果还没有取完序列的最后一个，则继续执行循环体内的所有语句，否则结束循环。

 案例 4 –18　利用 for 循环把字符串中所有字符遍历出来。

程序如下：

```
for letter in 'hello':          #letter 是循环变量
    print("当前字母为:",letter)   #按字符串字符顺序逐个输出,直到最后一个字符
```

运行结果：

```
当前字母为: h
当前字母为: e
当前字母为: l
当前字母为: l
当前字母为: o
>>>
```

案例 4-19 利用 for 循环把列表中元素遍历出来。

程序如下：

```
fruits = ['apple','orange','grape']
for fruit in fruits:
    print(fruit)                        #输出列表中的元素
```

运行结果：

```
apple
orange
grape
>>>
```

 案例 4-20 计算 1~100 的奇数之和，累加结果存放在 sum 变量。

案例分析：

①如果要计算 1~100 之间奇数之和，按照之前的索引方法我们需要写成：for i in [1, 3,5,…,99]，要写 50 个列表元素是比较困难的，所以需要使用 Python 内置 range( ) 函数。

②range( ) 函数是一个迭代生成器，其语法格式：range(i,j,k)，其中 i 表示起始值(缺省为 0，但有步长时不能缺省)，j 为终止值(但不包括 j)，k 是步长(缺省为 1)。

例如：range(1,100,2)：生成的第一个元素是 1，第二个元素为 3，因为步长为 2；

range(3) 生成 0, 1, 2 三个整数；

range(2,5) 生成 2, 3, 4 三个整数；

range(10,1, -2) 生成 10, 8, 6, 4, 2 五个整数。

程序如下：

```
sum = 0
for i in range(1, 100, 2):              #range(1, 100, 2)可以生成1~100 的奇数序列
    sum = sum + i
print("1~100之间的奇数之和: ", sum)
```

运行结果：

```
1~100之间的奇数之和:2500
>>>
```

 案例 4-21 产生 10 个 60~100 之间的随机整数，从小到大排序后输出排序结果。

案例分析：

①通过 import random 语句导入随机数模块；

②案例需要产生 10 个随机数，循环次数可以确定，因此采用 for 语句；

③将产生的 10 个随机数存放在列表变量中，使用 sort( ) 方法可以直接排序。

程序如下：

```
import random
numbers = []                            #声明空列表
for i in range(10):
```

```
        numbers. append (random. randint (60,100))        #产生 10 个随机整数并添加到列表中
print ("orignal numbers: \n",numbers)
numbers. sort ()                                          #使用 sort ()函数对列表中的数排序
print ("after sort: \n",numbers)
```

运行结果:

```
orignal numbers:
[98, 95, 85, 78, 61, 79, 66, 62, 82, 97]
after sort:
[61, 62, 66, 78, 79, 82, 85, 95, 97, 98]
>>>
```

3. continue 和 break 语句

continue 和 break 语句一般只能在循环语句中使用。continue 语句的作用是终止当前循环,并忽略 continue 语句后面的所有语句,回到循环体的最前面,重新开始下一次循环。而 break 语句则不同,当循环结构中出现 break 语句时,整个循环体将停止循环,直接跳到循环体下面的语句,或结束整个程序。

 案例 4 - 22　continue 语句用法,输出 1 ~ 20 以内不能被 3 整除的数。

程序如下:

```
for i in range (1,21):
    if i% 3 = =0:                    #i 除以 3 取余数,如果余数等于 0 结果为真
        continue                     #当上面结果为真时,回到循环体最前面
    else:
        print (i,end =' ')           #当 i% 3 结果为假时输出当前的 i,并继续循环体
```

运行结果:

```
1  2  4  5  7  8  10  11  13  14  16  17  19  20
>>>
```

案例 4 - 23　break 语句用法,已知密码为 "2019",从键盘输入密码,五次输错则报错,终止程序,密码正确时就跳出循环,执行后面的程序。

程序如下:

```
password = "2019"
for i in range (5):
    p = input ("请输入四位密码: ")
    if p = =password:
        i =0
        break
    else: print ("密码错误,重新再输!")
if i! =0: print ("请联系客服,确认密码. ")
else:
    print ("密码正确,请输入操作编号:1 - 查询余额;2 - 转帐;3 - 理财...")
                            #以下程序略
```

运行结果：

```
请输入四位密码:1111
密码错误,重新再输!
请输入四位密码:2222
密码错误,重新再输!
请输入四位密码:3333
密码错误,重新再输!
请输入四位密码:2019
密码正确,请输入操作编号:1-查询余额;2-转帐;3-理财...
>>>
```

continue 语句和 break 语句的区别在于：continue 语句只结束本次循环，而不是终止整个循环的执行，而 break 语句则是结束整个循环。

4. 循环嵌套

若在一个循环体中又包含了另一个完整的循环结构，则称为循环的嵌套。循环的嵌套和 if 语句的嵌套很像，例如 while 语句和 for 语句可以相互嵌套。

 案例 4-24 利用循环嵌套输出九九乘法表。

案例分析：如果要做出乘法表我们需要有 9 行 9 列，第一行 1~9 的数字乘以 1，第二行 1-9 数字乘以 2，以此类推，如图 4-7 所示。

1x1=1								
1x2=2	2x2=4							
1x3=3	2x3=6	3x3=9						
1x4=4	2x4=8	3x4=12	4x4=16					
1x5=5	2x5=10	3x5=15	4x5=20	5x5=25				
1x6=6	2x6=12	3x6=18	4x6=24	5x6=30	6x6=36			
1x7=7	2x7=14	3x7=21	4x7=28	5x7=35	6x7=42	7x7=49		
1x8=8	2x8=16	3x8=24	4x8=32	5x8=40	6x8=48	7x8=56	8x8=64	
1x9=9	2x9=18	3x9=27	4x9=36	5x9=45	6x9=54	7x9=63	8x9=72	9x9=81

图 4-7 九九乘法表

程序如下：

```
#九九乘法表
for i in range(1, 10):                    #外循环1~9
    for j in range(1, i+1):               #内循环1~9
        print("%dx%d=%d\t"%(j, i, i*j), end=' ')
    print()
```

运行结果：

```
1×1=1
1×2=2 2×2=4
1×3=3 2×3=6 3×3=9
1×4=4 2×4=8 3×4=12 4×4=16
1×5=5 2×5=10 3×5=15 4×5=20 5×5=25
1×6=6 2×6=12 3×6=18 4×6=24 5×6=30 6×6=36
1×7=7 2×7=14 3×7=21 4×7=28 5×7=35 6×7=42 7×7=49
```

```
1×8=8 2×8=16 3×8=24 4×8=32 5×8=40 6×8=48 7×8=56 8×8=64
1×9=9 2×9=18 3×9=27 4×9=36 5×9=45 6×9=54 7×9=63 8×9=72 9×9=81
>>>
```

4.6　函数

函数是为各种常用算法编写的程序模块。定义好的函数可以多次调用，使程序简洁，结构清晰，还可进行实现递归算法。

Python 提供了许多内置函数，如数据输入函数 input( )，迭代生成器函数 range( )，数值运算函数 round( )、sum( )、max( )，类型转换函数 int( )、float( )、str( )。

Python 还提供很多标准模块函数，如 math 模块中的 sqrt( )、log( )、sin( )；random 模块中的 random( )、randint( )；time 模块中的 time( )、ctime( )；calendar 模块中的 calendar( )、isleap( )等。要调用这些函数，先要导入相应的模块。

用户还可以根据需求定义各种自己的函数，这就是用户自定义函数。在 RAPTOR 中区分标准函数和用户自定义子图和子程序，在 Python 中统一归纳为函数。本节主要介绍用户自定义函数定义和函数调用的方法，实参和形参、局部变量和全局变量和递归函数等概念。

4.6.1　内置函数

Python 解释器中内置了许多函数，这些函数可以直接调用。它们按字母顺序排列，如表 4－11 所示。

表 4－11　Python 的内置函数

函数	函数	函数	函数	函数
abs( )	divmod( )	input( )	open( )	staticmethod( )
all( )	enumerate( )	int( )	ord( )	str( )
any( )	eval( )	isinstance( )	pow( )	sum( )
basestring( )	execfile( )	issubclass( )	print( )	super( )
bin( )	file( )	iter( )	property( )	tuple( )
bool( )	filter( )	len( )	range( )	type( )
bytearray( )	float( )	list( )	raw_ input( )	unichr( )
callable( )	format( )	locals( )	reduce( )	unicode( )
chr( )	frozenset( )	long( )	reload( )	vars( )
classmethod( )	getattr( )	map( )	repr( )	xrange( )
cmp( )	globals( )	max( )	reversed( )	zip( )
compile( )	hasattr( )	memoryview( )	round( )	_ import_ ( )
complex( )	hash( )	min( )	set( )	
delattr( )	help( )	next( )	setattr( )	
dict( )	hex( )	object( )	slice( )	
dir( )	id( )	oct( )	sorted( )	

4.6.2　自定义函数

1. 函数的定义与调用

如果需要计算一个比较复杂的，并具有特定功能的算法时，内置函数就不一定能满足要求了，因此需要用户自己去创建（定义）一些个性化的函数，来解决实际问题。

自定义函数语法格式如下：

```
def 函数名([形参列表]):
    函数的执行语句                        #即函数体
    [return <返回值>]
```

自定义函数的规则：

①自定义函数用 def 关键字声明，后接函数名和圆括号中的形参列表，最后加冒号。

②有些函数不需要传递参数，这时可以没有形参列表，但函数名后的空括号不能省略。

③函数体的第一行语句可以选择性地加上注释，用于说明函数的用途。

④函数体的执行语句都需要有规律的缩进。

⑤ return 语句和 return 后面的返回值都是可选的。如果没有 return 语句或 return 语句不带返回值，相当于返回一个空值 None。

案例 4-25　自定义函数，输出自己的学号姓名。

程序如下：

```
def printme():                    #定义函数 printme(),无参数
    print("学号:f19000001,姓名:张三")
    Ireturn
def printme2(ID,name):            #定义函数 printme2(),圆括号中 ID 和 name 为形参
    print("学号:" + ID + ",姓名:" + name)
    return
printme()                         #调用 printme()函数
printme2("f19000002","李四")       #调用 printme2()函数,并且将实参"f19000002"和"李四"分
                                   别传递给形参 ID 和 name
```

运行结果：

```
学号:f19000001,姓名:张三
学号:f19000002,姓名:李四
>>>
```

程序说明：

①定义函数 printme( )，没有参数，所以在主程序中调用的时候也不能有参数，否则会报错。

②定义函数 printme2( )，包含两个参数 ID、name，所以在主程序中调用的时候必须要有两个参数，否则会报错。

2. 实参和形参

在上述案例中，包括了两种参数，一种是形参，在自定义函数时包含的参数，如 ID、

name。一种是实参，在调用函数时包含的参数，如"f19000002"、"李四"。

当主程序中调用函数 printme2( ) 时，将实参"f19000002" 传递给形参 ID，同时将实参 "李四"传递给形参 name。注意，定义函数时的形参个数明确后，调用函数的实参数个数必须与 形参个数相同。

3. 传递实参的方法

传递实参的方式有两种，一种是位置方式传递实参，这时要注意形参的顺序，实参和形参 的顺序是一一对应的，不能颠倒。例如：printme2（"f19000002","李四"）。另一种是通过关键 字方式进行传递实参，这时利用"形参名称 = 参数值"来传递参数值，就可以不按顺序传递。 例如：printme2(name = "李四",ID = "f19000002")

4. 返回值

函数通过 return 语句返回函数运算结果，其返回值可以是一个或多个，也可以没有返回值； 没有形参和返回值的函数只是完成了一系列操作而言，比如输出一个图形等；函数的返回值如 果是多个，它们可以接在 return 后面，返回值之间用逗号分隔。

主程序中接收返回值的变量类型是根据函数返回值的类型和个数而定，如果是单个返回 值，该变量的类型由返回值的类型而定，如果是多个返回值，该变量就是元组类型。

 案例 4 – 26　利用自定义函数返回任意两个整数之和。

案例分析：

①首先定义一个函数，包含两个形参。

②利用 return 返回两个形参之和。

③调用函数，传递两个整数实参给形参，并定义变量接收函数的返回值。

程序如下：

```
def getsum(a,b):              #定义函数 getsum(),两个形参 a,b
    c = a + b                 #将 a,b 之和赋值给 c
    return c                  #将结果 c 返回
sum = getsum(12,45)           #主程序中,调用 getsum()函数并将 12 和 45 传递给 a,b; 同时
                              定义变量 sum 接受函数 getsum()的返回值
print("两个数之和为:",sum)     #输出 sum
```

运行结果：

```
两个数之和为: 57
>>>
```

 案例 4 – 27　自定义函数 mean_sd( )，计算序列中 10 个元素的平均值和标准差，保 留两位小数。对元组 x 的 10 个元素赋值，调用 mean_sd( ) 函数，然后输出平均值和标准差。

程序如下：

```
def mean_ sd(s,n):            #求序列的平均值和标准差函数
    mean = sum(s)/n; sd = 0
    for i in s: sd = sd + (mean - i)**2
    sd = math. sqrt(sd/n)
```

```
        return mean,sd              #返回一个元组里面有 mean 和 sd 两个元素
import math #导入 math 库
x = (34, 53, 66, 47, 58, 29, 42, 85, 92, 18)
y = mean_ sd(x, len(x))
print("原始数据:",x, "\n 平均值 =%.2f \t 标准差 =%.2f"%(y[0], y[1]))
```

运行结果:

```
原始数据: (34, 53, 66, 47, 58, 29, 42, 85, 92, 18)
平均值 =52.40 标准差 =22.48
>>>
```

程序说明:

①用户自定义函数 mean_sd( )用于计算一个序列的平均值和标准差;

②有两个形参 s 和 n, s 是序列类型（列表或元组）, 长度不限, n 是整型简单变量;

③函数中应用 math 模块的 sqrt( )函数, 需要导入 math 模块;

④return 返回平均值和标准差两个结果, 因此所对应的变量 y 是元组类型;

⑤主程序中, 调用 mean_sd( ) 函数时, 实参是序列 x 和 len(x) 表达式, x 的类型可以是列表或元组;

⑥输出结果时, 可以直接输出元组 y, 也可以分别输出元组的两个元素。

5. 传递任意数量的实参

当不确定接收实参个数的时候, 可以使用 * 变量名作为函数的形参, 这时就可以接收任意数量的实参了。

例如在一个饭店里, 每一桌顾客在点菜的时候, 可能会点一个或者多个菜, 需要制作一个函数, 可以接受任意数量的实参, 并且通过遍历循环, 输出每一桌客户点了哪些菜。

 案例 4 -28   制作一个可以接受任意数量实参的函数。

程序如下:

```
def orderdishes(*dishes):                #*dishes 创建一个空元组
    print("The order list of dishes: ")
    for dish in dishes:                  #遍历循环,输出每个菜
        print(" - " + dish)
orderdishes("番茄炒蛋","酸菜鱼")          #调用函数并传递实参值
orderdishes("红烧肉","桂花鸡","青椒肉丝","农家小炒肉")
```

运行结果:

```
The order list of dishes:
 -番茄炒蛋
 -酸菜鱼
The order list of dishes:
 -红烧肉
 -桂花鸡
 -青椒肉丝
 -农家小炒肉
>>>
```

4.6.3　变量的作用域

变量的作用域就是指程序中能访问变量的范围。通常有两种作用域的变量，一种叫局部变量，一种叫全局变量。

1. 局部变量和全局变量

函数中定义的变量和形参变量都称为局部变量，只能在函数体内访问。在函数之外定义的变量称为全局变量，程序中任何地方都能访问全局变量。不同函数中定义的局部变量和全局变量可以同名，但它们代表不同的对象。当局部变量和全局变量同名时，在函数中优先访问局部变量。

 案例 4 –29　局部变量和全局变量。

程序如下：

```
x, y = 1, 2              #x, y 是全局变量
def  f1(a):              #a, x, m 是 f1()函数的局部变量
    x = 3
    m = 8
print(a, m, x)
def  f2(b):              #b, n 是 f2()函数的局部变量
    n = 6
    print(b, n, y)
f1(5)
f2(7)
print(x, y)
```

运行结果：

```
5 8 3
7 6 2
1 2
>>>
```

2. Global 和 nonlocal 关键字

函数体内可以直接访问全局变量，但如果要对全局变量重新赋值，必须使用 global 关键字。在嵌套函数中，外层函数定义的变量相对于整个程序而言是局部变量，而相对于内层函数而言是全局变量。如果要在内层函数要对外层函数的变量重新赋值，必须使用 nonlocal 关键字。

 案例 4 –30　global 关键字的使用。

程序如下：

```
    a = 100              #全局变量 a
    def test():
    global a             #使用全局变量 a
    a = 200              #对 a 重新赋值 200
    print("全局变量 a = % d"% a)
test()
```

运行结果：

```
全局变量 a = 200
>>>
```

 案例 4 - 31　nonloacl 关键字的使用。

程序如下：

```
def test1():                                 #函数 test1()
    count = 1                                #函数 test1()的变量 count
    def test2():                             #嵌套的函数 test2()
        nonlocal count                       #使用 test1()函数中的变量 count
        count = 12                           #对 count 重新赋值 12
        print("局域变量 count 的值:%d"%count)
    test2()                                  #在 test1()函数中调用 test2()函数
test1()                                      #主程序中调用 test1()函数
```

运行结果：

```
局域变量 count 的值:12
>>>
```

4.6.4　函数综合案例

在第 2 章中介绍过了递推法和递归法这两种经典的算法。在本节和下一节递归函数中将采用这两种方法来求阶乘。

 案例 4 - 32　编写一个程序，求组合：

$$C_n^m = \frac{n!}{m! \ (n-m)!}$$

案例分析：

组合的公式中最重要的是计算阶乘，需要分别求出 $n!$、$m!$ 和 $(n-m)!$。计算阶乘的算法很多，可以递推法，也可以用递归法。

这里先用单循环递推来实现求阶乘的函数 fact()，然后调用函数 fact() 逐个求出 $n!$、$m!$ 和 $(n-m)!$ 值，分别存放在 c1、c2 和 c3 变量，最后再计算组合：c = c1/(c2 * c3)。

操作步骤：

（1）自定义函数 fact()；

（2）主程序从键盘输入 n、m；

（3）第一次调用函数 fact() 计算 $n!$；

（4）第二次调用函数 fact() 计算 $m!$；

（5）第三次调用函数 fact() 计算 $(n-m)!$；

（6）最后输出求组合的结果。

程序如下：

```
def fact(c):                              #声明函数 fact()
    result = 1
    for i in range(1, c + 1):             #利用循环计算c的阶乘,并将结果给 result
        result = result * i
    return result                         #返回c的阶乘的值 result
n = int(input("please input n: "))
m = int(input("please input m: "))
c1 = fact(n)                              #计算 n!
c2 = fact(m)                              #计算 m!
c3 = fact(n - m)                          #计算(n - m)!
print("result = %.2f"% (c1 / (c2 * c3)))  #带入公式计算结果
```

运行结果：

```
please input n: 5
please input m: 2
result = 10.00
>>>
```

程序说明：

计算阶乘也可以使用 math 模块中的 factorial() 函数，所以此题也可用以下程序实现：

```
from math import*                                              #导入 math 模块的另一种写法
n, m = eval(input("please input n,m: "))                       #输入两个数,用英文的逗号分隔
print("result = %.2f"%(factorial(n)/(factorial(m)*factorial(n - m))))
```

案例 4-33　编写一个程序，从键盘输入两个数，计算它们的最大值、最大公约数和最小公倍数，最后输出结果。

案例分析：

①首先创建两个函数，分别为 Lcm() 函数，求最小公倍数，以及 Gcd() 函数，求最大公约数。在创建函数时注意形参的数量。

②在主程序中，利用 input() 函数输入两个数。

③将输入的两个数，利用函数调用的方法，传递给 Lcm() 和 Gcd() 两个函数，并在函数中返回结果。

④在主程序中接受函数返回值，并输出多个运算结果。

程序如下：

```
def Lcm(a, b):                    #求最小公倍数函数,有两个形参 a,b
    L = Gcd(a, b)
    result = a * b / L
    return result
def Gcd(a, b):                    #求最大公约数函数,有两个形参 a,b
    while a% b != 0:              #利用 while 循环计算最大公约数
        a, b = b, (a% b)
    else:
```

```
        result = b
    return result
M = int(input("please input M: "))
N = int(input("please input N: "))
print("% d和% d的最大值为:% d"% (M,N,max(M,N)))
print("最大公约数:",Gcd(M,N))            #输出并调用函数 Gcd(),并将 M,N 最为实参传递给形参
print("最小公倍数:",Lcm(M,N))
```

运行结果:

```
please input M: 6
please input N: 7
6 和 7 的最大值为: 7
最大公约数: 1
最小公倍数: 42.0
>>>
```

程序说明:

计算最大公约数也可以使用 math 模块中的 gcd() 函数,所以此题也可用以下程序实现:

```
from math import*                        #导入 math 模块的另一种写法
M, N = eval(input("please input M, N:"))   #输入两个数,用英文的逗号分隔
print("\n% d和%d的最大值为:%d"% (M,N,max(M,N)))
print("最大公约数:",gcd(M,N),"\n最小公倍数:",M*N/gcd(M,N))
```

4.6.5 递归函数

函数是可以嵌套的,即在一个函数内还可以调用其他函数,这叫嵌套函数。如果一个函数在定义时去调用自己本身,这种函数就叫递归函数。

 案例 4-34 计算 n 的阶乘, $n! = n(n-1)(n-2)\cdots1$ 。

案例分析:

①根据 $n!$ 的计算通式可以得出:

$$n! = \begin{cases} 1 & (n=1) \\ n(n-1)! & (n>1) \end{cases}$$

当 $n>1$ 时, $n! = n*(n-1)!$,是递归通用公式;

当 $n=1$ 时, $n! = 1$,是递归结束条件。

②因此可定义一个递归函数 Fact() 来计算阶乘。

程序如下:

```
def Fact(num):
    if num = =1:                          #如果用户输入1,那结果就是1
        result = 1
    else:
        result = Fact(num-1)* num          #当 n>1 时调用函数自身
    return result
n = int(input("please input n: "))          #从键盘输入 n
print("%d! = "%n,Fact(n))                   #输出返回的 result 值
```

运行结果：

```
please input n:5
5! = 120
>>>
```

 案例 4 – 35　利用递归函数编写汉诺塔问题。

汉诺塔问题也是一个典型的递归例子。三根柱子 A、B、C，A 柱上有 n 片大小不同的盘子，要求把这些盘子从 A 柱移到 C 柱，规定每次只能移动一个盘子，任何时候大盘不能在小盘上方。汉诺塔问题的递归算法为：

$$n \text{ 个盘子从 A 柱移动 C 柱} = \begin{cases} n-1 \text{ 个盘子从 A 柱借助 C 柱移到 B 柱} \\ \text{A 柱上最后一个盘子直接移到 C 柱} \\ n-1 \text{ 个盘子从 B 柱借助 A 柱移到 C 柱} \end{cases}$$

程序如下：

```
count = 0                    #定义变量 count 统计盘子的移动次数
def Hanio(n,a,b,c):          #自定义函数 Hanio()，参数 n 表示盘子总数,a,b,c 代表三个柱子
    global count
    if n = =1:
        print("% d 号盘子"% n,a," - >",c)
        count + =1
    else:
        Hanio(n-1,a,c,b)
        print("% d 号盘子"% n,a," - >",c)
        count + =1
        Hanio(n-1,b,a,c)
n = int(input("n ="))
Hanio(n,"A","B","C")
print(n,"个盘子的移动次数为:",count)
```

运行结果：

```
n =3
1 号盘子 A - > C
2 号盘子 A - > B
1 号盘子 C - > B
3 号盘子 A - > C
1 号盘子 B - > A
2 号盘子 B - > C
1 号盘子 A - > C
3 个盘子的移动次数为: 7
>>>
```

4.7　文件操作

　　运行程序时会产生许多重要的数据，但是一旦程序结束，这些数据就会消失。因此程序在运行时需要将运算结果写入文件，保存到计算机的外部存储器。同样，在程序执行时也会需要

将保存在文件中的原始数据读取到内存。

程序中对文件的操作包括：打开文件、读取文件、对文件数据进行处理、写入文件和关闭文件。

4.7.1　文件的打开与关闭

在读取和写入文件时，首先需要打开文件，然后根据打开文件的模式进行相应的读、写操作，最后在操作完成后关闭文件。

1. 文件的打开

在 Python 中使用 open( ) 函数来打开文件，语法格式如下：

```
<文件对象> = open(<文件名>[,<模式>])
```

例如：

```
f = open('test. txt','r')
```

open( ) 函数的第一个字符串类型参数 <文件名>，表示程序中需要操作的文件名，以及包括的路径。第二个字符串类型参数 <模式>，表示文件打开的方式，<模式> 是可选的，如果省略，则默认为是只读模式 "r"。

打开文件命令的作用是建立文件与文件对象的关联，创建内存缓冲区，供文件的读取和写入。

从上面的语句中可以看到打开的 "test. txt" 文件，并没有写文件的路径，这样没有路径的写法，程序会在它的源目录下寻找并打开 "test. txt" 文件。

2. 文件的打开模式

在对文件进行操作时，需要知道文件不同的打开模式才能更好地操作文件。文件的打开模式如表 4 - 12 所示。

表 4 - 12　文件的打开模式

打开模式	描　　述
r	只读模式：读指针指向文件首部，被打开的文件必须存在，只能读不能写
w	只写模式：打开文件，清空文件内容，如果被打开文件不存在，则创建新文件 写指针指向文件开始，只能写不能读
a	追加模式：在打开的文件结尾处追加内容，如果被打开的文件不存在，则创建新文件；写指针指向在文件结尾处
b	二进制模式：可与上述三种方式结合，如：rb、wb、ab，此时读写的都是二进制文件
+	修改模式：可与上述三种方式结合，如：r +、w +、a +，此时文件可以同时读写

来看下面例子：

①以只读模式打开 d 盘根文件夹中的 test. txt 文件：

```
f = open( "d: /test. txt", "r")
只读模式"r"可以省略: f = open( "d: /test.txt")
```

②以读写模式打开当前文件夹中的 test.txt 文件，支持读、写操作：

```
f = open ( "test. txt", "w + ")
```

③以追加模式打开 d 盘 python 文件夹中 test. txt 的二进制文件，支持读、写操作：

```
f = open ( "d: /python/test. txt", "ab + ")
```

3. 文件的关闭

通常在对文件操作完成后，需要关闭文件，将内存缓冲区中的剩余内容写入文件，撤销缓冲区，取消文件与文件对象的关联。

Python 中使用 close( )方法关闭文件，语法格式如下：

```
<文件对象 >. close ()
```

 案例 4 – 36　以只读模式打开 text1. txt 文件，并关闭。

程序如下：

```
f = open ( "test1. txt ", " r ")        #创建内存读写缓冲区,将文件与文件对象 f 建立关联
f. close ()                             #撤销读写缓冲区,取消文件与文件对象 f 的关联
```

程序说明：

①此程序运行结果为空，因为只是打开了文件，没有做读取或写入的操作。

②如果 test1. txt 文件不在程序的源文件目录里面，程序会报错，不能执行。

4.7.2　文件的读写

1. 从文件读取数据

使用 open( )函数打开文件以后，就可以用 read( )方法读取文件内容，其语法格式：

```
<文件对象 >. read ([size])
<文件对象 >. readline ([size])
<文件对象 >. readlines ()
```

其中 read( )方法里的参数 size 是读取的字符个数，缺省时读入文件全部内容。无论是英文字母还是汉字，都算作一个字符。readline( )方法里的参数 size 也是读取的字符个数，缺省时会从文件读入一行，包括一行的结束符 " \ n"，它会返回一个字符串。readlines( )方法是读入所有的行，它会返回一个列表，而列表的每一个元素就是文件中的一行内容。

 案例 4 – 37　使用 read( )方法读取 test1. txt 中内容。

程序如下：

```
f = open ('test1. txt','r')       #以只读方式打开 test1. txt 文件
readtext = f. read (5)            #读取文件开头 5 个字节的内容
print (readtext)                  #输出读取内容
print ("下面是读取剩余内容: ")
readtext = f. read ()            #因为上面的指针已经移动到了第五位, 所有从第六位开始读取剩下内容
print (readtext)
```

运行结果：

```
hello
下面是读取剩余内容:
word!
this is line 1
this is line 2
this is line 3
this is line 4
 >>>
```

程序说明：

①读取文件时，指针的位置（可以想象为 word 文档中的光标）。

②第一行语句"f = open('test1. txt','r')"，指针指向文件的开始。

③第二行语句"readtext = f. read(5)"，当读取完 5 个字符后，指针已经到了第 5 个字符的后面。

④最后用"readtext = f. read( )"来读取从第 6 个字符开始的剩余内容。指针最后指向了文件的最后。

 案例 4 –38　使用 readline( )方法读取 test1. txt 中的内容。

程序如下：

```
f = open ('test1. txt','r')          #以只读方式打开 test1. txt 文件
readtext = f. readline ( )            #读取第 1 行
print (readtext)
readtext = f. readline (6)            #读取第 2 行的前 6 个字符
print (readtext)
f. close ( )
```

运行结果：

```
hello word!
this i
 >>>
```

程序说明：

readline( )读取的是一行内容，包括了每一行后面的换行符 '\n'，所以输出的时候也输出了换行符。

 案例 4 –39　使用 readlines( )方法来读取 test1. txt 内的所有内容，并输出。

程序如下：

```
f = open ('test1. txt','r')          #以只读方式打开 test1. txt 文件
readtext = f. readlines ( )          #一行一行读取文件内容,并生成列表
print (readtext)
f. close ( )
```

运行结果：

```
['hello word!\n', 'this is line 1 \n', 'this is line 2 \n', 'this is line 3 \n', 'this
is line 4 ']
    >>>
```

程序说明：

因为 readlines( )，在读取每一行字符时，也包括了每一行最后的换行符‘\n’，所以输出结果列表的每一个元素都包含"\n"。

2. 将数据写入文件

使用 open( ) 函数打开文件以后，就可以用 write( ) 方法将内容写入文件，其语法格式如下：

```
<文件对象>.write(str)
<文件对象>.writelines(str)
```

使用 write( ) 方法是将字符串写入文件，在字符串后添加行结束符 "\n"，表示写入一行内容。当文件打开模式为只写"w"时文件里原有的内容将被覆盖；当文件打开模式为追加"a"时可以保证文件前面的内容不受到影响。

使用 writelines( ) 方法是将一个序列字符串列表写入文件，但是 writelines( )方法不会把序列中的各个元素自动换行写入，所以如果需要换行写入每个元素，则需要在每一个元素后面添加"\n"换行符。

 案例 4 -40　使用 write( ) 方法写入一行数据，将用户输入的内容保存到 test2. txt 中。

程序如下：

```
f = open('test2.txt','a')              #以追加内容方式打开或创建 test2. txt 文件
text = input("请输入任意内容: ")
f.write(text+'\n')                      #将输入内容写入文件,并在后面插入换行符
f.close()
```

程序说明：

①在使用 write( ) 方法向文件中写入数据时，需保证使用 open( )函数是以 r +、w、w +、a 或 a + 的模式打开文件，否则执行 write( ) 方法会抛出错误。

②运行程序后，需输入任意内容，然后再打开 test2. txt 文件来查看写入的情况。

 案例 4 -41　使用 writelines( )方法将 test1. txt 文件中的数据复制到其他文件中。

程序如下：

```
f = open('test1.txt', 'r')             #以只读模式打开 test1. txt
n = open('test3.txt','w+')             #以读写模式打开或创建 test3. txt
n.writelines(f.readlines())            #读取 f 的内容并写入到 test3. txt 中
n.close()
f.close()
```

程序说明：

①首先要确保要读取的文件 test1. txt 是存在的，并且里面有一些内容。

②然后使用读写方式，打开或创建一个新的 test3. txt 文档。

③最后用 writelines() 方法来将 test1. txt 里的内容写入 test3. txt 中，需要打开 test3. txt 来查看写入的情况。

④注意使用 writelines() 方法向文件中写入字符串列表时，不会自动给各行添加换行符。上面例子中，之所以 test3. txt 文件中会逐行显示数据，是因为 readlines() 方法在读取各行数据时，读入了行尾的换行符。

3. 读写指针的定位

当以读写模式打开文件以后，读写是同一指针，都在文件首部；追加模式打开文件以后，写指针始终在文件尾部，读指针可以重新定位。指针定位 seek() 方法，语法格式如下：

```
<文件对象>.seek(offset[,whence])
```

说明：参数 offset 是开始的偏移量，也就是代表需要移动偏移的字节数；参数 whence 是可选的，默认值为 0，给 offset 参数一个定义，表示要从哪个位置开始偏移；0 代表从文件开头开始算起，1 代表从当前位置开始算起，2 代表从文件末尾算起。文件首部的定位为 0，ASCII 字符算一个位置，汉字算两个位置。

 案例 4 - 42　用 w 模式随机访问文本文件。

程序如下：

```
f = open ("d:/FileTest.txt", "w + ")    #用读写模式随机访问文本文件,在 d 盘新建一个文件
f.write ("VBasic 程序设计基础")
f.seek (0)                              #将指针指向文件开头
f.write ("Python")                      #从文件首部写入"Python",替换"VBasic"
f.seek (0)
s = f.read (10)
print (s)                               #读取"Python 程序设计",英文字母和汉字都算一个字符
st = "高级语言"
f.seek (14)                             #指针定位到"基",定位时一个汉字算两个字符(即一个汉字占两位)
f.write (st)                            #写入 st 变量中的字符串"高级语言",覆盖"基础"
f.seek (0)
s = f.read ()
print (s)                               #最后输出"Python 程序设计高级语言"
f.close ()                              #关闭文件
```

运行结果：

```
Python 程序设计
Python 程序设计高级语言
>>>
```

4.7.3　文件操作综合案例

本节通过一个综合案例来总结和实践随机读写模式 w + 和只读模式 r 的使用。

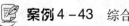 **案例 4 - 43**　综合案例：文件的读写操作。

①用随机读写的 w + 模式打开 score. txt 文本文件，将 score() 列表中的成绩写入这个文件。

②重新以只读模式打开 score. txt 文本文件，按行读取数据，用 split 方法将数据分割成若干个元素，生成一个列表；并且计算三个成绩的平均分，添加到 mark 列表。

③用随机读写的 w + 模式打开 mark. txt 文本文件，将 mark 列表中计算好平均成绩的写入这个新建的文件。

程序如下：

第一部分：以随机读写的 w 模式打开 score. txt 文本文件，将 score 列表写入文件。

```
f = open ("score. txt","w + ")            #以随机读写的 w 模式打开 score. txt
score = [["张三","89","96","78"],["李四","84","92","74"],["王五","99","79","81"]]
for i in range (3):                        #循环将列表 score 中的元素写入文件 score. txt
    f. write ("%s%s%s%s \n"%(score[i][0],score[i][1],score[i][2],score[i][3]))
f. close ()
```

第二部分：重新以只读模式打开 score. txt 文本文件，按行读取数据，用 split( ) 方法将数据分割成若干个元素，生成一个列表；并且计算三个成绩的平均分，添加到 mark 列表。

```
f = open ("score. txt","r")              #以只读模式打开 score. txt
ss = f. read (); print (ss); f. seek (0)   #将 score. txt 的内容全部读取并输出
mark = []
for i in range (3):
    s = f. readline (). split ()
                    #按行读取数据,用 split ()方法将数据分割成若干个元素，生成一个列表 s
    average = round((int(s[1]) + int(s[2]) + int(s[3]))/3,1)
                                          #计算平均成绩，保留一位小数
    s. append (str(average))              #将计算好的平均成绩添加到列表 s 的最后一项
    mark. append (s)                      #将列表 s 作为一项添加到列表 mark 中
f. close ()
```

第三部分程序：以随机读写的 w 模式打开 mark. txt 文本文件，将 mark 列表中计算好的平均成绩写入 mark. txt 文件：

```
f = open ("d: /pt/mark. txt","w + ")
f. seek (0)
for i in range (3):
    f. write ("%s%s%s%s%s \n" \          #长的语句可以拆分成两行,第一行句尾用 \ 分隔
            % (mark[i][0],mark[i][1],mark[i][2],mark[i][3],mark[i][4]))
f. seek (0); ss = f. read (); print (ss)   #比较用 read ()方法和 readlines ()方法的区别
f. seek (0); ss = f. readlines (); print (ss)
f. close ()
```

小　结

本章主要学习了使用程序设计语言 Python 来编写程序解决问题。Python 语言是目前较为流行的语言，其语法规则简单，容易上手。

Python 程序的运行可使用其内置的集成开发环境 IDLE（Integrated Development Environment）。集成开发环境 IDLE 提供图形开发用户界面，可以提高 Python 程序的编写效率。

Python 程序一般是由输入函数、输出语句、赋值语句、变量以及运算符与表达式构成。

Python 的基本数据类型包括数字类型和字符串类型。数字类型有整数类型、浮点数类型、布尔值和复数类型。Python 的组合数据类型包括列表、元组、字典和集合，这里只重点讲解了列表。

最基本的 Python 的语句执行，一般都是按照书写的顺序依次执行的，称之为顺序结构。当执行过程中遇到了不同的情况需要做出不同的判断和处理的时候，就需要使用分支结构。常见的分支语句结构有单分支结构、双分支结构、多分支结构以及嵌套分支结构。当问题的解决过程中出现了许多重复的有规律的操作要反复的执行的时候，就需要使用循环结构。Python 提供了 while 语句和 for 语句来实现循环结构，以满足不同的循环需求。

Python 不仅提供了许多内置函数和模块函数，还允许用户根据需要自定义函数。

程序在运行时需要将运算结果写入文件，保存到计算机的外部存储器。同样，在程序执行时也会需要将保存在文件中的原始数据读取到内存。程序中对文件的操作包括：打开文件、读取文件、对文件数据进行处理、写入文件和关闭文件。

习　题

【练习 4 - 1】用户输入一个三位自然数，请计算并输出其百位、十位和个位上的数字。

【练习 4 - 2】编写程序，输入球的半径，计算球的表面积和体积（结果保留两位小数）。

提示：球的表面积的计算公式为 $4\pi r^2$，球的体积的计算公式为 $\frac{4}{3}\pi r^3$。

程序运行效果为：

请输入球的半径：2.5

球的表面积为：78.54

球的体积为：65.45

【练习 4 - 3】定义列表 list1 = [21,3,5,42,12,36,17]，请思考 list1[:5]、list1[3:]、list1[::2]各等于什么？请编写程序验证结果。

【练习 4 - 4】定义列表 list2 = [1,2,3,4,5,6]，请思考 list2. extend（[7,8]）和 list2. append（[7,8]）有什么区别？请编写程序验证结果。

请再思考 list2. insert（6,[7,8]）的结果是什么？请编写程序验证结果。

【练习 4 - 5】定义列表 list3 = [20,5,13,7,6]，请思考 list3. sort（reverse = True）和 list3[::-1]一样吗？请编写程序验证结果。

【练习 4 - 6】（顺序结构）输入一个正浮点数，并分别输出它的整数部分和小数部分。

【练习 4 - 7】（顺序结构）输入自己的出生年、月，并按"我的出生年月是 XXXX 年 XX 月"格式输出。

【练习 4 - 8】（顺序结构）计算数学表达式 $\frac{2n}{n+m}$ 的值，其中 n 和 m 的值由键盘输入，结果保留 3 位小数。

【练习 4 - 9】（分支结构）判断输入的整数是否能同时被 3 或 7 整除，若能同时被 3 或 7 整除，则输出"Yes"，否则输出"No"。

【练习 4 - 10】（分支结构）输入一个字符，判别它是否为大写字母，如果是，将它转换成小写字母并输出；如果不是，不转换，输出小写字符。

【练习4-11】（分支结构）运输公司对用户计算运费。路程（s）越远，每公里运费越低。标准如下：

s < 500 km	没有折扣
500 ≤ s < 1 000	5% 折扣
1 000 ≤ s < 2 000	10% 折扣
2 000 ≤ s	15% 折扣

基本运费p为100元，用户需输入货物重量w，距离s，来计算运费f。总运费计算公式为 f = p * w * s * (1 - d)，其中d为折扣。

【练习4-12】（循环结构）编写一个程序，从键盘直接输入以5个逗号分隔的小于100的正整数，利用eval函数转换成表达式。例如：" 1，3，5，4，2"，求出元组中的最大值和最小值。

提示：利用eval函数将输入内容转换成元组表达式：tuple1 = eval(input(" 请输入以逗号分隔的五个数字:"))

【练习4-13】（循环结构）输出1~100以内所有能被3整除而不能被5整除的偶数，并求出它们的和。

【练习4-14】（循环结构）输出10~50之间的素数，要求这些素数输出在一行上，每个素数后添加两个空格。提示：一个数如果不能被它的平方根以下的数整除，就不会有其他的因子。

【练习4-15】编写函数统计字符串中大、小写字母和其他字符的个数。

程序运行效果为：

please input letters:" Hello, Good goodmorning! 1，2，3，Let's go!"

小写字母数：23 大写字母数：3 其他字符数：16

【练习4-16】分别用循环结构和递归函数计算斐波那契数列前10项的值。

斐波那契数列通式：$F(1) = 1$，$F(2) = 1$，$F(n) = F(n-1) + F(n-2)(n \geq 3)$。

【练习4-17】将fruit.txt文件复制到自己的文件夹，编写一个程序：

（1）用只读模式打开fruit.txt文本文件，用readline()方法读取一行内容，并用split()方法生成fru列表，关闭文件。(fru = f.readline().split())

（2）对fru列表按水果名称ABC排序，再用只写模式打开sorted.txt文件，将fru列表中的元素逐个写入文件，关闭文件。(fru.sort())

（3）对fru列表按水果名长度从长到短方式排序，再用追加模式打开sorted.txt文件，将fru列表中的元素逐个写入文件，关闭文件。(fru.sort(key = len, reverse = True))

文件fruit.txt和文件sorted.txt的内容，如图4-8所示。

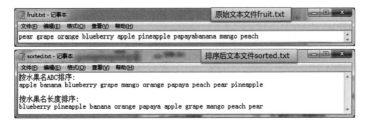

图4-8　练习题-文件读写

参 考 文 献

[1] 于双元,张彦,苏红旗,等.全国计算机等级考试二级教程:MS Office 高级应用(2015 年版)[M].北京:高等教育出版社,2015.

[2] 熊福松,黄蔚,李小航.计算机基础与计算思维[M].北京:清华大学出版社,2018.

[3] 史巧硕,柴欣.大学计算机基础与计算思维[M].北京:人民邮电出版社,2015.

[4] 高建华,徐芳勤,朱敏.大学信息技术[M].上海:华东师范大学出版社,2019.

[5] 王玉龙,方英兰,王虹芸.计算机导论:基于计算思维视角[M].4 版.北京:电子工业出版社,2017.

[6] 范向民,范俊君,田丰,等.人机交互与人工智能:从交替浮沉到协同共进[J].中国科学:信息科学,2019(03).

[7] 张小飞,徐大专.6G 移动通信系统:需求、挑战和关键技术[J].新疆师范大学学报(哲学社会科学版),2020(02).

[8] 任友群,隋丰蔚,李锋.数字土著何以可能?:也谈计算思维进入中小学信息技术教育的必要性和可能性[J].中国电化教育,2016(1):1-8.

[9] 卫春芳,孙军.《程序设计》课程教学中计算思维的培养[J].长江大学学报(自科版),2015,12(10):78-80.

[10] 战德臣,聂兰顺.计算思维与大学计算机课程改革的基本思路[J].中国大学教学,2013(2):56-60.

[11] 苏小红,赵玲玲,叶麟,等.程序设计基础.中国大学 MOOC,https://www.icourse163.org/[EB/OL].

[12] 谢涛,程向前,杨金成.RAPTOR 程序设计案例教程[M].北京:清华大学出版社,2014.

[13] 程向前,周梦远.基于 RAPTOR 的可视化计算案例教程[M].北京:清华大学出版社,2014.

[14] 嵩天,礼欣,黄天羽.Python 语言程序设计基础[M].2 版.北京:高等教育出版社,2017.

[15] 李东方,文欣秀,张向东.Python 程序设计基础[M].2 版.北京:电子工业出版社,2020.

[16] 夏耘.人工智能基础与实践[M].上海:华东师范大学出版社,2019.

[17] 马瑟斯.Python 编程:从入门到实践[M].袁国忠,译.北京:人民邮电出版社,2016.

[18] 秦颖.Python 实用教程[M].北京:清华大学出版社,2016.

[19] 董付国.Python 程序设计[M].2 版.北京:清华大学出版社,2016.